0廚藝人妻の極簡料理

小菜篇

主菜篇

主餐篇

吐司篇

湯品篇

甜點篇

目錄

Contents

推薦序

0廚藝人妻的哥哥

——亞力山大張 Alexander Chang（恩智浦半導體　協理）

我是作者的哥哥，說到我妹會找我寫序，可能是知道我不會婉拒她，況且我們是從小到大一起生活過的家人，最了解她了。小時候，她就有料理的小聰明，例如說，我在書桌唸書時，她則利用書桌燈泡的熱能，烤起了零嘴魚片，魚片之香啊～讓人回味無窮，到現在還難以忘懷……那個景象。（這段其實是我妹幫忙回憶修改的，我有點印象，但忘了她到底是烤魚片給我吃，還是只烤給自己吃～哈）

不知道你有沒有看過「料理鼠王」這部電影，裡頭主角小老鼠瑞米，從一隻人人喊打的過街老鼠，經過與小林在食神的餐廳種種考驗，最後成為最嚴苛美食評論家柯柏認可的大廚。

會提這部電影是因為裡頭食神說過：「Anyone can cook, but only the fearless can be great.」（任何人都能做菜，唯有大膽嘗試能成就卓越。）這完全在形容我妹從料理界的一張白紙，經過努力學習與研究、料理上百道菜，到出一本食譜。雖然不是什麼大廚，但循序漸進，由淺入深，一天出一道菜，慢慢地就完成一本滿滿美味的食譜。

這本書也完全掌握「原子習慣」的要點，從非常簡單的料理、少少的步驟開始，搭上她超認真構圖拍出美美的照片，這就非常適合讓也想從零開始、且充滿勇氣的讀者們跟著照表操課。慢慢地從簡單開始起步，再去嘗試不同味道的組合，最後你不一定會成為大廚，但一定能找到自己愛的味道。

0廚藝人妻的老公

——Simon

從原本的不擅長廚藝，到可以完成一部《0廚藝人妻的極簡料理》著作，就是為了完成自己的夢想，出版一本書。期間忙著尋找有趣的食譜、做筆記、買食材、買許許許多多繽紛的鍋碗瓢盆「PS: 誇張到坐飛機✈去日本採購，扛著滿滿的幸福」、自己獨立架設了一個小小攝影棚，學著打光、擺設、拍照，完成了許多的小細節，才能成就一本色香味十足的料理書。

這不僅僅是一本分享美味及有趣食譜的書，也是一本食物攝影集。一樣的食材，不一樣的手法，確能讓平庸的日常，多一種不一樣的選擇，創造出繽紛驚喜的色彩，添增生活樂趣。

完成一件事或許有點難，但持續做同一件事，就需要有相當的毅力與無比的興趣，才能完成。有幸成為能品嚐每一道佳餚的人，深感榮幸。

自序

起心動念

在 2023 年初，對去年所領悟的人生無常，感觸頗深，況且人的一生就只有那麼一次，我希望以某種方式在這個世界留下我的足跡，於是一個強烈的念頭湧現：「我想要寫一本書。」而這本書，將是關於食譜的。

我和老公分享了這個想法，他卻說：「妳又不會煮菜，為什麼要出食譜呢？」他的回應在我預料之內，卻引起我更深的思考，為什麼我要寫食譜呢？經過仔細思索，終於找到答案。

每天，都會瀏覽推特，上面總充斥著無盡的新奇事物，當然還包括了許多簡單又美味的料理，我常常忍不住將這些美食截圖下來，卻從未親手嘗試做過。因此，我下定決心，在新的一年裡，要將這些簡單又美味的食譜整理起來，製作成一本食譜書。

透過這本書，希望能夠將這些美味的滋味，成為一種溫暖的傳遞，給像我一樣極少下廚、廚藝不熟練的人，讓美味不再只停留在圖片中，而是真正地進入人們的生活，成為他們的享受自己動手做及品嚐的味蕾之樂。

跨出

在過年期間，我終於鼓起了勇氣，踏出了關鍵的第一步，寄出一封 Mail 給出版社，內容說明我的出書計畫，我知道唯有這樣做，夢想才可能實現。

接下來的日子，幾乎是整天都抱著電腦，在網路上不停地蒐集食譜，當食譜蒐集到足夠的數量後，開始著手實際動手做料理，這段時間，我投入了很多心血，但也感到無比充實和興奮。

在三月初，有幸和出版社的鄧總編見了面，她提供我許多寶貴的建議，其中一項是創立一個粉絲團，於是，隔天就誕生了我的 Facebook 粉絲團【0 廚藝人妻】，從那一刻起，開始每天在粉絲團內，與大家一同分享簡單卻美味的食譜和料理心得。

沒那麼簡單

初次與鄧總編見面時，我曾這麼說：「如果花錢就能完成夢想，那就去做啊！」然而，她的回答卻讓我警醒：「妳以為這件事，是花錢這麼簡單就能完成的嗎？」我當然明白，實現夢想的路並不輕鬆。

這讓我想起學生時代的回憶，曾接下同學的動畫作業，雖僅收取少許金額，但不斷修改，甚至連一個校外網頁任務，也花費了三個月才完成，我知道，任何事情都需要時間，且要不斷修正，才能達到預期的成果。這次出書的過程，一開始還異想天開，想三個月就完成食譜出版，結果呢？現在已經七月中了，我還在不斷整理照片，不斷嘗試重新拍攝，現在想起來，當時想法超級天真 (笑)。

面對恐懼的成長

以前學生時代，自己晚上有開設雞排攤，賣過炸雞排，攤車炸鍋溫控非常穩定，只要按照 SOP，根本不會有油爆問題，然而現實中的廚房狀況跟攤車完全不同，在家裡，我甚至連煎顆雞蛋，都會驚聲尖叫，要不是躲的老遠，就是拿著鍋蓋擋飛油，最後，煎蛋這項任務，幾乎成了老公的專屬職責。

然而，在這次籌備食譜的過程，從一開始炸物時的手忙腳亂、邊炸邊尖叫，甚至讓老公聽不下去，跑來幫忙，經過二個月，抓到油溫控制技巧後，至少能淡定的把食物丟下油鍋炸，這是一個面對恐懼的成長過程，雖然怕還是會怕，但是，至少可以學到如何掌握技巧，找到方法改善。

感謝

感謝家人們無私的包容，特別感謝的是老公，務實本質的他，總能超高維度地，接納天馬行空且常有新點子的我，儘管我們性格迥異，他的實用主義與我的無拘無束形成鮮明對比，卻正是這種不同讓我深刻體會到愛的真諦是包容與欣賞，這是我在他身上找到的珍貴的寶藏，也是我一直在學習的部分，衷心感謝他。

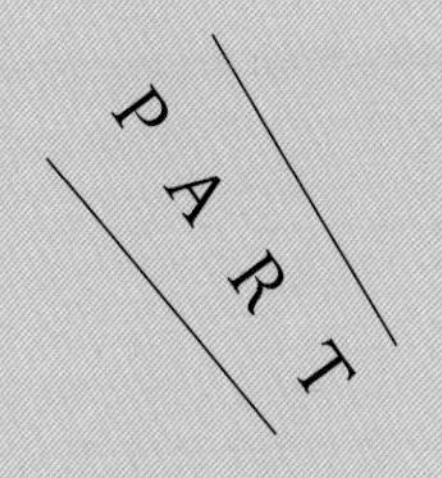

1

小 菜 篇

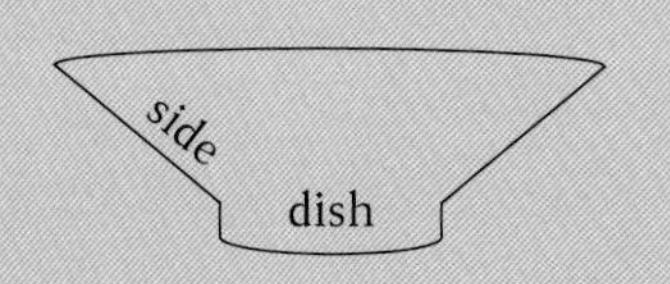

01.

蘿蔔絲燉肉

星度

難易度 ★☆☆☆☆
美味度 ★★★☆☆

客家人對於蘿蔔絲，一定非常熟悉，是菜包裡不可或缺的食材，以前媽媽每年都會自己包，到目前為止，還是覺得媽媽包的最好吃。蘿蔔絲是一份象徵，也代表了一份溫暖，這道料理中的蘿蔔絲，就賦予這項使命，吃了真會有暖暖的、舒服的幸福感。

材料區

材料

豬肉片…80g
乾蘿蔔絲…20g
酒…50g
醬油…2 小匙
水…180g
山椒粉…少許（也可用白胡椒粉替代）

步驟區

準備工作

蘿蔔絲洗淨後，浸泡 10 分鐘，擠乾水分，切成小段。

步驟

1 鍋中倒少許油，加入蘿蔔絲和豬肉片拌炒。
2 小火炒至半熟，蘿蔔絲散發香氣。
3 加水、酒、醬油煮至滾燙。
4 蓋鍋蓋，小火煮 8 分鐘。
5 完成，撒上山椒粉。

02.

烤香菇

星度

難易度：★☆☆☆☆
美味度：★★★☆☆

有一種餓，叫「媽媽覺得你餓」。
每次回娘家，媽媽總是煮好多豐盛的料理，並在離開時，塞許多菜給我，但回程往往會繞到別處，索性最後只選擇拿乾貨，香菇是最適合的選項，不但吃了沒負擔，還能長久保存，所以，家裡的香菇，都是媽媽買給我的愛。

材料區

材料

乾香菇…6 朵
美乃滋…24g
七味粉…適量
冷開水…1 碗（泡香菇用）

步驟區

步驟

1 香菇用冷開水泡軟，擠乾後去莖，塗上美乃滋。
2 撒上七味粉調味。
3 將香菇放在鋪有烤紙的烤盤上，烤箱 180° C／8～10 分鐘。

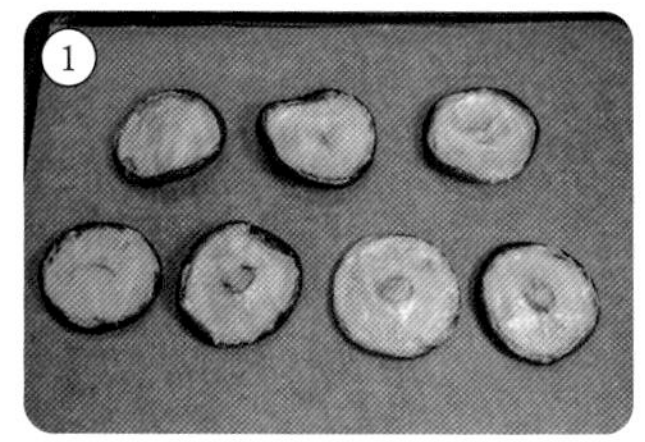

03.

辣味金針菇

星度

難易度：★☆☆☆☆
美味度：★★★★☆

每次做出新料理，都會讓老公試吃，常常得到吃不下的軟性拒絕，然而這道金針菇，他竟然咻咻咻的吃，完全停不下來，沒有拒絕，真的非常唰嘴好吃～

材料區

材料

金針菇…1 把（或 100g）
味醂…1 大匙
酒…1 大匙
醬油…1/2 大匙
芝麻油…2 小匙
辣椒醬…2 小匙
蔥…適量

步驟區

步驟

1 金針菇撕成小把，放入耐熱皿。
2 加味醂、酒、醬油、芝麻油和辣椒醬，攪拌均勻。
3 覆蓋保鮮膜，微波 600W ／ 3 分鐘。（盛盤後，加蔥花）

04.

蘆筍肉捲

星度

難易度：★☆☆☆☆
美味度：★★★★☆

冷凍蘆筍很方便使用，對於上班族來說，是最方便的選擇，微波 2 分鐘有熱，就可以食用，不想開火，又想補充蔬菜的情況最適合了。

材料區

材料

冷凍蘆筍…6 根（若是生蘆筍，請先燙熟後使用）

豬里肌肉片…6 片

黑胡椒粉…適量

鹽…適量

步驟區

步驟

1 冷凍蘆筍微波 600W ／ 2 分鐘。

2 鋪平肉片，撒上黑胡椒粉和鹽。

3 蘆筍放肉片上，捲起肉片包裹蘆筍，外層撒黑胡椒粉和鹽。

4 鍋熱少油，放入蘆筍肉捲，連接處朝下先煎。

5 用小火煎肉至金黃色，煎好後去油。

1

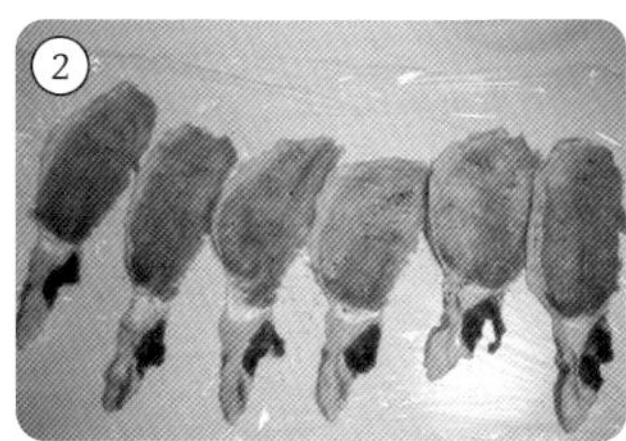

2

3

4

5

05.

涼拌章魚腳

星度

難易度：★☆☆☆☆

美味度：★★★☆☆

章魚腳怎麼每次吃起來那麼硬？改用悶燙的方式後，口感就會變脆，而不是硬，請注意，章魚腳一定要完全退冰後，再燙喔～

材料區

材料

章魚腳…170g
雞粉…1/2 小匙
蒜泥…3g
芝麻油…1 小匙
黑胡椒粉…少許
蔥花…適量
鹽…少許

步驟區

步驟

1 冷凍章魚腳，隔水完全解凍。
2 大火將水煮滾，放入章魚腳。
3 蓋上鍋蓋，熄火，悶 15 分鐘。
4 取出章魚腳，切片備用。
5 加雞粉、蒜泥、芝麻油、黑胡椒粉、鹽、蔥花，攪拌均勻。

06.

小黃瓜豬肉捲

星度

難易度：★★☆☆☆
美味度：★★★☆☆

這道肉片包小黃瓜，小黃瓜的汁會被完全包裹住，可以吃到非常鮮甜的味道喔～

材料區

材料

小黃瓜…1 根
豬梅花肉片…4 片
低筋麵粉…1 大匙
鹽…少許
黑胡椒粉…少許
薑泥…3g
醬油…2 小匙
味醂…1/2 大匙
酒…1 大匙

步驟區

步驟

1 鋪保鮮膜，放肉片，撒鹽、黑胡椒粉，加小黃瓜。
2 從尾部捲起肉片，將小黃瓜捲進去。
3 肉外層裹麵粉，包保鮮膜，切成 2.5cm 寬條，去除保鮮膜。
4 鍋內少許油，放小黃瓜捲，先煎肉連接處，煎至熟透。
5 加入混合醬汁（薑泥、醬油、味醂、酒），沾滿肉，小火煮收汁。

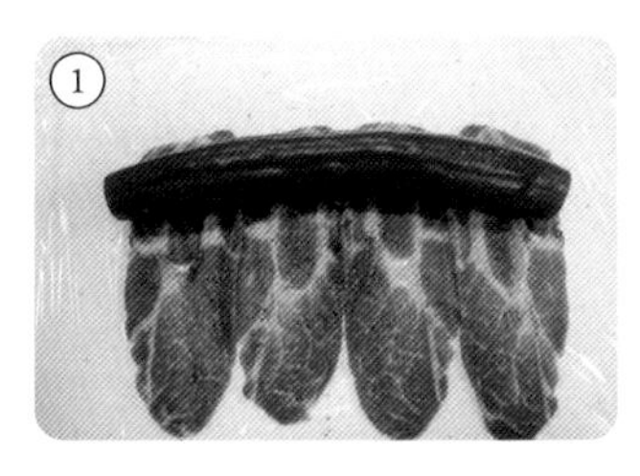

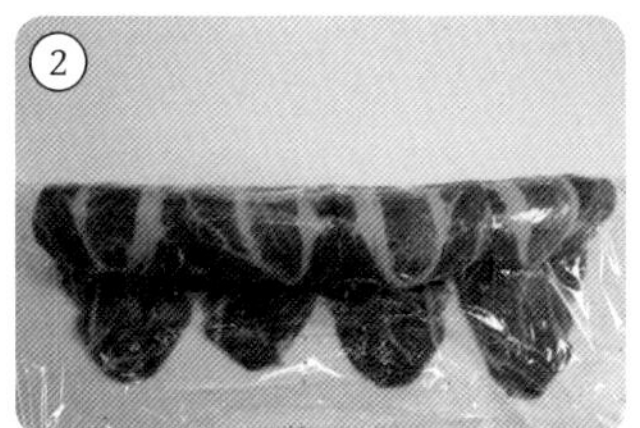

07.

脆皮煎年糕

星度

難易度：★★☆☆☆
美味度：★★★★★

這不是一般過年吃到的年糕味道，味道像 Pizza，口感是鹹年糕，外酥內軟，還有起司絲，搭配蕃茄醬和培根，好吃到爆，真的是天才想出來的做法。

材料區

材料

年糕…1 塊（約 55g）
培根…1 片（25g）
起司絲…20g
蕃茄醬…1 小匙
黑胡椒粉…適量

步驟區

步驟

1 年糕切小片約 0.5 cm 厚，培根切約 0.8 ～ 1 cm。
2 鍋中放少許油，依序放入年糕和培根，排成圓形，用小火煎熟。
3 中央加入 10g 起司絲及黑胡椒粉。
4 煎至微脆，翻面，加入 5g 起司絲，再煎 1 分鐘。
5 再翻面，中央抹上蕃茄醬，加入 5 克起司絲和黑胡椒粉，煎 30 秒至起司融化，即可完成。

08.

微波豆腐煲

星度

難易度：★☆☆☆☆
美味度：★★★★☆

超級聰明人的料理方式，所有食材都放到耐熱器皿，就可以完成，不過，要使用容量大一點的器皿，才不會滾沸時，湯汁溢出來，到時候，清理就很麻煩了，簡單的料理也要使用簡單的清理，才是大智慧喔～

材料區

材料

油豆腐⋯3 塊
豬絞肉⋯100g
金針菇⋯30g
鴻禧菇⋯30g
冷開水⋯100g
酒⋯2 大匙
蒜泥⋯3g
醬油⋯2 小匙
雞粉⋯2 小匙
辣椒醬⋯2 小匙
糖⋯2 小匙
豆瓣醬⋯1 小匙
馬鈴薯澱粉⋯2 小匙
蔥花⋯適量

步驟區

步驟

1 在耐熱皿中倒入冷開水，加酒、蒜泥、醬油、雞粉、辣椒醬、糖、豆瓣醬，再加入豬絞肉、金針菇、鴻禧菇和撕開的油豆腐，充分攪拌均勻。
2 包上保鮮膜，微波 600W ／ 5 分鐘。
3 微波完成，加入馬鈴薯澱粉，快速攪勻所有材料。接著再微波 600W ／ 1.5 分鐘。（無須包保鮮膜）

09.

烤高麗菜檸檬雞

星度

難易度：★★☆☆☆

美味度：★★☆☆☆

簡單又無負擔的味道，喜歡較清爽口味的人一定非常喜歡，

而喜歡重口味的人，可以沾柚子醬或辣醬搭配。

材料區

材料

雞腿…1 片（210g）
高麗菜…1/4 顆（200g）
檸檬…1 顆
酒…3 大匙
橄欖油…少許
鹽…少許
黑胡椒粉…少許

步驟區

步驟

1 將雞腿切小塊，用鹽、黑胡椒粉、1 大匙酒，醃製 10 分鐘。
2 烤盤鋪鋁箔紙，內層抹橄欖油，先放高麗菜，再放雞肉，最後加檸檬片。
3 均勻撒 2 大匙酒在上面。
4 蓋上鋁箔紙。
5 烤箱預熱 220°C，烤 22 分鐘。

10.

白菜培根煎

星度

難易度：★☆☆☆☆
美味度：★★★★★

每次煮這道白菜，總是不夠吃。一上桌馬上就沒了，有點誇張，因為帶著微辣的白菜實在太香太軟，太好吃了，家裡人口多的人，請將份量加大，不然，你可能要煮好多次，才能讓大家吃得滿足，哈～

材料區

材料

白菜…1/4 顆
大蒜…2 片
辣椒…1 根
培根…60g
鹽…適量
橄欖油…1.5 大匙
黑胡椒粉…適量

步驟區

步驟

1 煎鍋中放油，加大蒜、辣椒、白菜，撒少許鹽。
2 蓋上蓋子，小火煎 5 分鐘。
3 煎至上色，翻面，加培根和少許鹽。
4 再蓋上蓋子，小火煎 5 分鐘。
5 最後撒上適量黑胡椒粉。

11.

類蒲燒鰻

星度

難易度：★★☆☆☆
美味度：★★★☆☆

隱藏版料理，標題會這樣下，是因為這是道仿菜，其實使用的是雞皮，這裡姑且不論健康性，重點在於味道，真的非常像蒲燒鰻，推特上有人也覺得口感像鰻魚，敢吃雞皮的朋友，可以試試看喔～

雖然這是食譜，但是，好想講一則好笑的親身經歷，買這道雞皮的時，對於雞皮價格完全沒概念，買的時候跟雞攤的老闆喊了要買 100 元，看他一直猛抓，馬上制止他，嚇死我了，最後我只買 15 元，所以，大家買食材的時候，一定要先問價格再買喔～原來雞皮是很便宜的。

材料區

材料

雞皮…300g
柴魚粉…5g
酒…2 大匙
味醂…2 大匙
糖…20g
醬油…1 大匙
山椒粉…撒滿整片的量

步驟區

步驟

1 雞皮加柴魚粉拌勻後，裝盤子，放到電鍋，外鍋使用 100ml 水，蒸 10 分鐘。
2 取出蒸好的雞皮，並將油與水倒掉。
3 鍋中加入味醂、酒，煮 1 分鐘後，再加入糖、醬油，小火煮 8 ～ 10 分鐘醬汁濃稠狀。
4 倒入蒸好的雞皮，與醬汁拌煮，約 20 分鐘。
5 最後撒上大量山椒粉

12.

金針菇小丸子

星度

難易度：★★★☆☆
美味度：★★★☆☆

很咕溜口感的丸子，每咬一口都會吃到滑滑的金針菇，讓丸子吃起來好嫩耶～
想多加其他喜歡的材料都可以，在 FB 家常菜社團發表這道菜時，團友是添加了紅蘿蔔，顏色變得更好看了。

材料區

材料

豬絞肉…120g
金針菇…100g
鹽…少許
黑胡椒粉…少許
馬鈴薯澱粉…1 大匙
水…1 大匙
醬油…2 小匙
味醂…1 大匙
糖…1 小匙
雞粉…1/2 小匙
薑泥…3g

步驟區

步驟

1 將金針菇、豬絞肉、鹽、黑胡椒粉、馬鈴薯澱粉和水混合成丸子。
2 鍋中放油，小火煎丸子至金黃色。
3 蓋鍋，悶蒸 3 分鐘。
4 加入調味醬汁（醬油、味醂、糖、雞粉、薑泥），煮滾並翻動丸子。
5 蓋鍋，再悶蒸 3 ～ 5 分鐘。

13.

花椰菜煎餅

星度

難易度：★★★☆☆

美味度：★★★☆☆

家裡有小朋友的，一定都會愛這煎餅，但是，邊煎還要邊捏圓餅，實在忙不過來，這時候，可以請孩子們一起來幫忙，讓孩子自己捏自己吃得的餅，熱熱的吃，還會有起司絲，非常好吃又好玩。

材料區

材料

花椰菜…90g
起司絲…25g
雞粉…1 小匙
黑胡椒粉…1 小匙
蒜泥…1.5g
馬鈴薯澱粉…2.5 大匙

步驟區

步驟

1 花椰菜煮熟，切碎。
2 混合花椰菜、起司絲、雞粉、黑胡椒粉、蒜泥、馬鈴薯澱粉，攪拌均勻。
3 壓成圓餅，鍋中熱油，煎至金黃。
4 約 2 ～ 3 分鐘，翻面煎至金黃。
5 起鍋，用餐巾紙吸油。

14.

豬肉燉茄子

星度

難易度：★★★☆☆
美味度：★★★★☆

這道花最多時間的部分在磨白蘿蔔泥，不過，非常值得，因為少了白蘿蔔泥就像少了靈魂的軀殼一樣，一點都不精彩了，請用心用力的磨吧～

材料區

材料

豬肉片…6 片（約 120g）
茄子…半顆（100g）
白蘿蔔泥…100g
馬鈴薯澱粉…20g
酒…2 大匙
醬油…1.5 大匙
味醂…2 大匙
醋…1 小匙
糖…2 小匙
辣椒醬…1 小匙
鹽…少許

步驟區

步驟

1. 豬肉切小塊，拌鹽和馬鈴薯澱粉。
2. 豬肉兩面煎成金黃色。
3. 放入茄子丁，煮軟。
4. 加白蘿蔔泥、酒、糖、醬油、味醂和醋，小火煮 5 分鐘。
5. 最後加辣椒醬。

15.

香炒粉絲

星度

難易度：★☆☆☆☆
美味度：★★★★☆

屬於很台式的炒粉絲，不但少油，而且用一般家裡冰箱有的簡單食材，組合後，味道絕對不會讓人失望。

材料區

材料

豬肉片…100g(切小片)
冬粉…40g（一把）
紅蘿蔔絲…15g
青椒絲…35g
洋蔥絲…35g
酒…1 大匙
燒肉醬…2 大匙
醬油…1 小匙
白芝麻…少許

步驟區

步驟

1 冬粉熱水煮 3 分鐘，撈起備用。
2 煎鍋少許油，加豬肉片、紅蘿蔔絲，拌炒至熟。
3 加青椒絲、洋蔥絲、酒、燒肉醬、醬油、白芝麻，炒 1 ～ 2 分鐘。
4 倒入煮好的冬粉。
5 拌炒冬粉吸醬汁，盛盤即可。

16.

金針菇培根蛋麵

星度

難易度：★★☆☆☆
美味度：★★★★☆

小時候家裡吃火鍋，一定會放金針菇，每次認真的洗的結果，就是金針菇變得越來越少，現在才知道，金針菇不需要過度清洗，所以，簡單沖洗就好喔～

材料區

材料

金針菇…1 包
培根…2 片
橄欖油…2 小匙
牛奶…2 大匙
起司絲…20g
醬油…2 小匙
蒜泥…3g
蛋黃…1 顆
黑胡椒粉…適量

步驟區

步驟

1 熱鍋，加入橄欖油，培根小片，煎至金黃酥脆。
2 加入金針菇絲，煮至軟爛。（撕成 5-10 根為一把，有麵條感）
3 加入起司絲、蒜泥、牛奶、醬油，拌炒至濃稠狀。
4 加入蛋黃，撒上少許黑胡椒粉。
5 迅速攪拌蛋黃，中火煮 30 秒，關火盛盤。

17.

糖醋豬丸子

星度

難易度：★★☆☆☆
美味度：★★★☆☆

把肉片捲成小丸子，真的很可愛，但捲成丸子的主要目的，是要讓孩子容易入口，這是屬於料理人的用心。

材料區

材料

豬五花片…200g	鴻禧菇…100g
黑胡椒粉…少許	水…100g
鹽…少許	蕃茄醬…1 大匙
雞蛋…1 顆	醋…1/2 大匙
馬鈴薯澱粉…3 大匙	醬油…1 小匙
青椒…半顆	糖…1/2 大匙

步驟區

步驟

1 肉片捲成小丸子，撒上鹽和黑胡椒粉。

2 丸子沾上蛋液，再裹上馬鈴薯澱粉。

3 鍋中少許油，煎丸子至金黃酥脆。

4 加入鴻禧菇、青椒，倒入混合醬汁（蕃茄醬、醋、醬油、水、糖）。

5 中小火翻煮丸子至湯汁濃稠（約 5 分鐘），或蓋上鍋蓋，縮短煮的時間。

18.

炸金針菇

星度

難易度：★★★★☆
美味度：★★★☆☆

油溫的控制很重要，一定要夠熱，不然會吸到太多的油，
而且不夠脆，不夠好吃。

材料區

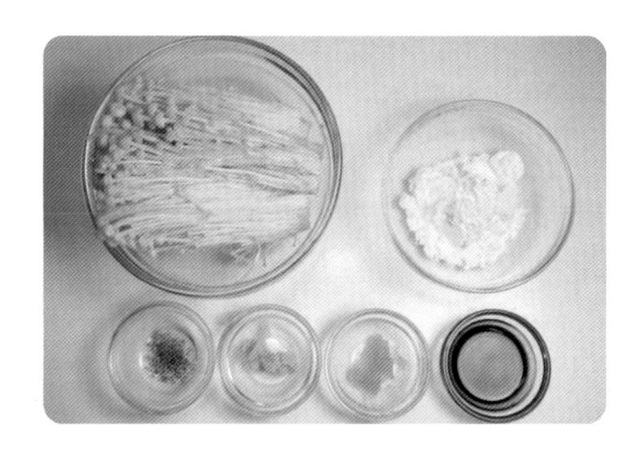

材料

金針菇…1 包
蒜泥…2.5g
薑泥…3g
醬油…1 小匙
黑胡椒粉…少許
馬鈴薯澱粉…3 大匙

步驟區

步驟

1 金針菇撕小把，混合醬油、薑泥、蒜泥、黑胡椒粉，拌勻。
2 均勻撒馬鈴薯澱粉在金針菇上。
3 炸前展開金針菇。
4 以油溫 170℃～ 180℃炸至金黃，撈起，30 秒後再次炸。
5 炸好的金針菇，用餐巾紙吸油。

19.

蕃茄肉燥煎豆腐

星度

難易度：★★☆☆☆
美味度：★★★☆☆

是屬於可以常煮的家常菜，吃多了大魚大肉後，總是會膩，這道豆腐每週煮一次都不用擔心吃到怕，而且絕對不會留到隔餐還消不掉，更不需要有人來撿菜尾，當天煮完就會被搶光了啦。

材料區

材料

蕃茄…1 顆
板豆腐…1 塊
黑胡椒粉…少許
鹽…少許
低筋麵粉…適量
豬絞肉…150g
薑末…3g
豆瓣醬…1/2 小匙
酒…1 大匙
醬油…1 大匙
味噌…1 小匙
蔥花…少許
馬鈴薯澱粉…3g（勾芡用，需加 1 倍水調和）

步驟區

準備工作

使用廚房紙巾包住豆腐，吸除多餘水份。

步驟

1 豆腐切塊，撒上黑胡椒粉、鹽、麵粉。
2 煎鍋少許油，豆腐煎至金黃脆皮，盛起備用。
3 原鍋子，炒熟絞肉、薑末、豆瓣醬。
4 加入蕃茄、酒、醬油、味噌，煮至肉熟軟。
5 倒入馬鈴薯澱粉水勾芡，撒上蔥花，淋在豆腐上。

20.

肉燥嫩豆腐

星度

難易度：★☆☆☆☆
美味度：★★★★☆

跟前一道豆腐不同的點在於，這個嫩豆腐不用煮，是涼拌的，很適合夏日享用，而且有搭配肉燥，會有飽足感。

材料區

材料

嫩豆腐…1 盒
豬絞肉…75g
蒜末…1 顆
豆瓣醬…1/2 小匙
酒…1 小匙
醬油…1 小匙
糖…1 小匙
味噌…1/2 小匙
蔥…適量
白芝麻…適量

步驟區

步驟

1 鍋中少許油，加蒜末和絞肉拌炒至半熟。
2 加入豆瓣醬、酒、醬油、糖、味噌，小火炒至全熟。
3 肉燥倒在嫩豆腐上，最後撒上蔥、白芝麻。

21.

香煎起司茄子

星度

難易度：★★★★☆
美味度：★★★★☆

猜猜我是誰？那天下午煎了這個外表奇特的茄子，老公看到問說：「這是魚嗎？」。
剛煎好時，熱熱的吃，外酥內軟很特別，但火候不是很容易拿捏，要多練習，就會煎出好吃的口感囉～
外表不能決定一切，只有當你是自己的主人時，才能決定自己的一切。

材料區

材料

茄子…2 根（小根的）
蛋…1 顆
蒜泥…3g
鹽…少許
馬鈴薯澱粉…1 大匙
起司絲…30 ～ 50g

步驟區

步驟

1 茄子洗淨，包保鮮膜，微波 600W ／ 4 分鐘。
2 茄子中央略切開，用鍋鏟壓扁。
3 茄子沾馬鈴薯澱粉、蛋液（蒜泥、蛋、鹽混合）。
4 鍋中少許油，放入茄子煎至微焦脆。
5 鍋邊加入起司絲，煎至軟化，把茄子放在起司上。（盛盤時，起司朝上，擠上蕃茄醬食用）

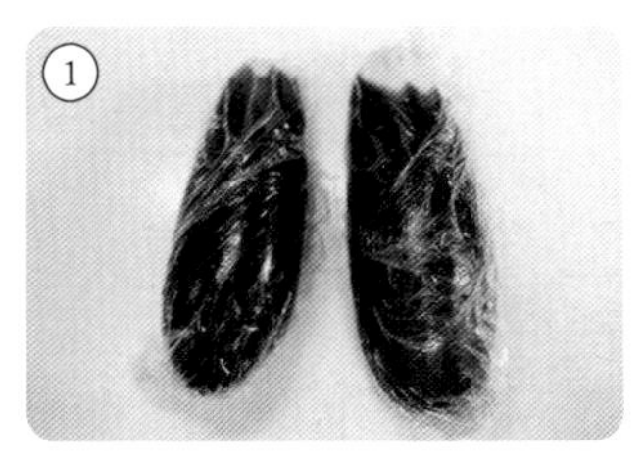

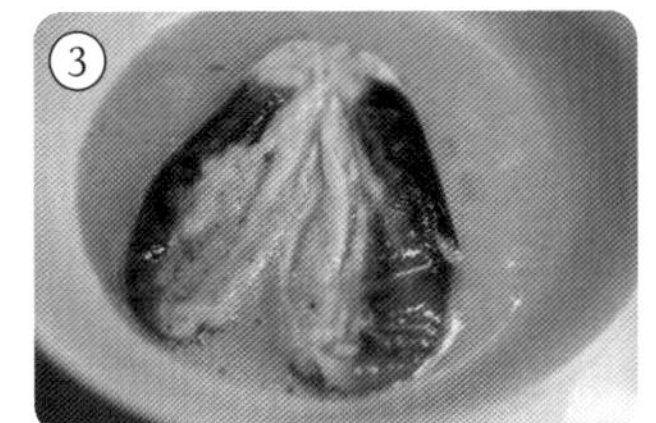

22.

酥炸杏鮑菇

星度

難易度：★★☆☆☆
美味度：★★★★☆

只要有這個小秘訣，杏鮑菇就會很好咬斷，好入口，訣竅就是在杏鮑菇片中間多切幾刀，這是就算牙口不好也能享用的大福音耶～～

材料區

材料

杏鮑菇…2 朵
蒜泥…3g
醬油…1 大匙
雞粉…1 小匙
味醂…1 小匙
馬鈴薯澱粉…3 大匙

步驟區

步驟

1 把杏鮑菇切成 0.5cm 寬、約 5cm 長的片，每 1cm 間隔切幾刀，但不切斷。
2 將杏鮑菇放進塑膠袋，加入蒜泥、醬油、雞粉、味醂，搖晃均勻。
3 杏鮑菇兩面沾上馬鈴薯澱粉。
4 熱鍋，加少許油，放入杏鮑菇。
5 煎至雙面金黃，取出即可。

23.

櫛瓜培根

星度

難易度：★☆☆☆☆
美味度：★★★★☆

這個賣相、這個味道，根本可以直接出道，絕對可以賣。
櫛瓜、培根、檸檬汁、起司粉加在一起，產生出好高級的
味道好和諧，是餐廳的料理沒錯，真的令人驚豔耶～

材料區

材料

櫛瓜…1 根
培根…1 片
香菜粉…少許
起司粉…少許
鹽…少許
黑胡椒粉…少許
檸檬汁…1/2 大匙
橄欖油…少許

步驟區

步驟

1 熱鍋，加少許油，將培根煎至香脆，裝盤。
2 櫛瓜片煎到微焦，加鹽、黑胡椒粉調味。
3 櫛瓜鋪於盤中，撒上培根，淋檸檬汁 + 橄欖油。
4 撒洋香菜粉、起司粉。

24.

香煎茄子炒肉

星度

難易度：★☆☆☆☆
美味度：★★★☆☆

這道菜，我使用 2 種肉品混合炒（雞肉 + 豬肉），有時候就是這樣，冰箱裡總有放到快忘記的肉，也許不是忘記，只是不想認真記，但為了保持一定的新鮮，建議還是要盡快把肉品用完。

材料區

材料

雞胸肉…150g（也可使用豬肉）
茄子…2 小根（約 150g）
酒…1 大匙
鹽…少許
黑胡椒粉…少許
糖…1 小匙
馬鈴薯澱粉…少許
美乃滋…1.5 大匙
醬油…1 小匙
味噌…1/2 小匙
七味粉…適量

步驟區

步驟

1 雞肉切小塊，加酒、鹽、糖、黑胡椒粉，醃 3 分鐘，倒掉多餘水分，加馬鈴薯澱粉。
2 鍋少許油，雞肉煎至金黃色。
3 茄子切丁，與肉拌炒，煎至軟焦脆。
4 加混合醬（醬油、美乃滋、味噌）。
5 翻炒均勻，盛盤，撒七味粉。

25.

辣味高麗菜捲

星度

難易度：★★☆☆☆
美味度：★★★★☆

高麗菜的脆甜和辣辣的肉捲，會一口接著一口吃，煮完嚐了一口，就知道不妙，很容易被自己吃光，還好忍住，趕快拿去分享給老公吃，但也導致自己吃不夠，所以，請煮多一點，真的不用太客氣喔～

材料區

材料

豬里肌肉片…6 片
高麗菜絲…40g
酒…1 大匙
醬油…1 小匙
柚子醋…1 小匙
辣椒醬…1 小匙
蒜泥…2g
蔥花…適量

步驟區

步驟

1 將高麗菜絲卷入肉片中。
2 鍋中少油，將肉捲煎至金黃酥脆。
3 倒入酒，蓋上鍋蓋，悶燒 2 ～ 3 分鐘。
4 揭開鍋蓋，加入醬油、柚子醋、辣椒醬、蒜泥。
5 混合醬汁與肉，煎至肉捲入味。盛盤後加入蔥花。

26.

起司肉捲豆腐

星度

難易度：★★★☆☆
美味度：★★★☆☆

居酒屋的小菜，學起來後，偶爾也可從人妻搖身一變，當個居酒屋老闆娘～

材料區

材料

油豆腐…3 塊（約 86g）
豬里肌…1 盒
起司絲…40g
馬鈴薯澱粉…3 大匙
醬油…10g
味醂…1 大匙
酒…1 大匙
雞粉…2 小匙
糖…2 小匙
蔥…適量

步驟區

步驟

1 油豆腐切小塊。
2 用肉片包住豆腐，均勻撒上馬鈴薯澱粉。
3 鍋中放少許油，肉煎至呈金黃色。
4 加醬油、味醂、酒、雞粉、糖，煮到肉沾滿醬汁。
5 撒上起司絲，起司軟化後，再撒蔥花。

27.

高麗菜起司蛋捲

星度

難易度：★★☆☆☆
美味度：★★★★★

光一道料理內，就有肉、菜、蛋、起司，完全解決了飲食均衡的問題，味道口感滋味更不在話下的好，一個人吃完一份真的超級大滿足。

材料區

材料

豬絞肉…30g
高麗菜絲…80g
鹽…適量
黑胡椒粉…適量
雞蛋…2 顆
美乃滋…2 大匙
蒜末…1 顆
起司絲…25g
柴魚片…適量

步驟區

步驟

1 鍋裡少許油，放蒜末和絞肉炒熟。
2 加入高麗菜絲、鹽、黑胡椒粉，炒熟後盛盤備用。
3 蛋和美乃滋混合，倒入鍋中煎至半熟，撒上起司絲。
4 起司融化後，加入高麗菜肉，輕搖鍋讓蛋液凝固。
5 蛋凝固時，對折成半圓，盛盤後，擠上美乃滋，撒上柴魚片。

28.

青椒鑲起司肉捲

星度

難易度：★★★☆☆
美味度：★★★★☆

什麼！！竟然還有人不敢吃青椒的，那一定是沒吃過這道鑲肉捲，脆甜的青椒和融化的起司，一口咬下伴隨肉汁及鹹甜醬汁，好有層次感喔～

材料區

材料

青椒…2 顆
豬里肌肉片…8 片
起司絲…50g
酒…1 小匙
醬油…2 小匙
味醂…2 小匙
麵粉…適量
白芝麻…適量

步驟區

步驟

1 青椒剖開，去籽，塞起司絲。
2 肉片包青椒，均勻撒麵粉。
3 熱鍋少油，煎至金黃，加入酒、醬油、味醂。
4 沾裹醬汁煎至肉色變，蓋鍋悶蒸 2 分鐘。
5 收汁後盛盤。（食用前撒白芝麻。）

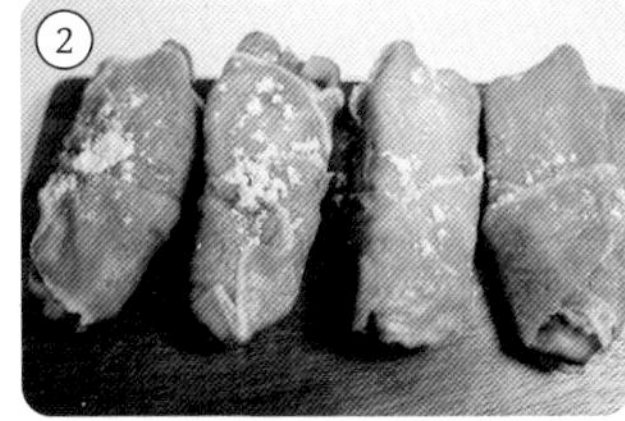

29.

雞肉煎餅

星度

難易度：★★☆☆☆
美味度：★★★☆☆

加了豆腐的煎餅，不但材料成本比較低，連熱量也比較低，
而且，還非常適合當便當菜喔～

材料區

材料

雞柳…200g
板豆腐…100g
美乃滋…2 大匙
馬鈴薯澱粉…2 大匙
酒…1 小匙
薑泥…3g
蒜泥…3g
黑胡椒粉…適量
鹽…適量

步驟區

準備工作

雞肉剁成碎肉末。

步驟

1 將雞肉、豆腐、薑泥、蒜泥、酒、黑胡椒粉、美乃滋、鹽、馬鈴薯澱粉，混合在碗中。
2 均勻攪拌成雞肉泥。
3 鍋中少許油，用湯匙舀取肉泥，放入鍋中。
4 小火煎到，雙面金黃。
5 食前撒上黑胡椒粉和少許鹽，及搭配喜歡的醬汁。

30.

叉燒雞捲

星度

難易度：★★★☆☆
美味度：★★★☆☆

生活要有儀式感，簡單的步驟，自己在家就能做出，如同飯店擺盤很美的菜色，而且這道作法，會讓雞捲肉質非常軟嫩，趕快來試試看～

材料區

材料

雞腿…1片（或是雞胸）
蒜泥…3g
醬油…1大匙
糖…1大匙
醋…1/2大匙
馬鈴薯澱粉…1小匙（水2小匙）

步驟區

步驟

1 雞肉加醬料（醬油、蒜泥、糖、醋），醃5分鐘。
2 捲起雞肉，放真空袋內。
3 真空袋擠出氣，滾水中煮16～20分。
4 醬汁煮沸，加馬鈴薯澱粉水，關火。
5 雞捲放涼切片，淋上醬汁。

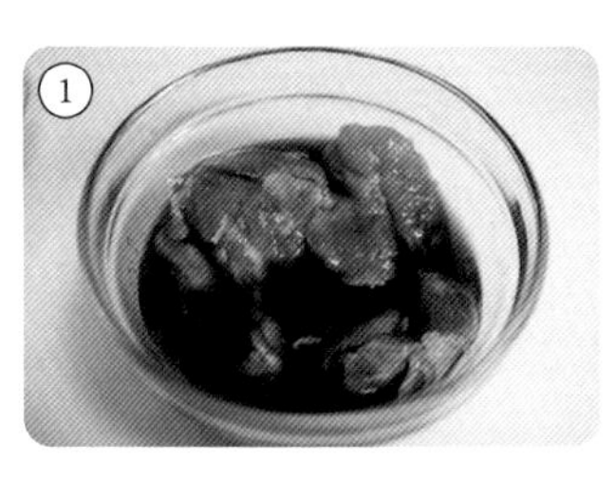
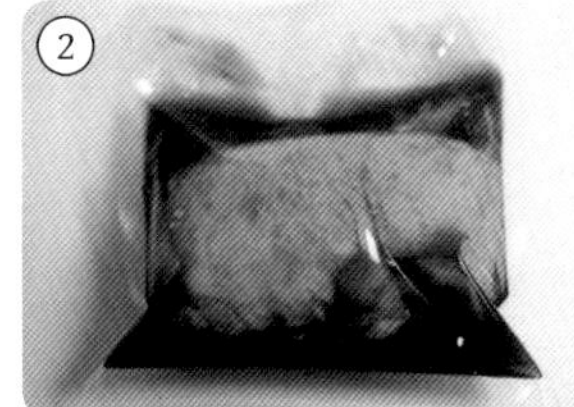

31.

醬汁黃瓜肉捲

星度

難易度：★★☆☆☆

美味度：★★★☆☆

推特上非常多使用紫蘇葉的菜單，但是，在台灣紫蘇葉實在太難買，所以，可以換成九層塔使用，味道無違和感，還非常地香，在地就是要使用在地食材，當然，有日本紫蘇葉的話，也可以使用紫蘇葉做一次，PK 看看誰最好吃。這道雖然是類似冷盤的蔬菜肉捲，也吃得好有飽足感。

材料區

材料

小黃瓜…1/2 根
豬里肌…4 片
九層塔…少許（或日本紫蘇葉）
馬鈴薯澱粉…1 小匙
醬油…1 小匙
味醂…1 大匙
冷開水…2 大匙
楓糖…1 小匙

步驟區

步驟

1 將小黃瓜切條，用九層塔包裹。
2 加肉片捲，撒馬鈴薯澱粉。
3 鍋少許油，將肉捲煎至全熟，呈現金黃色。
4 混醬油、楓糖、味醂、冷開水，微波 600W ／ 30 秒。
5 冷卻醬汁，浸泡肉捲 10 ～ 15 分鐘。

32.

軟滑雞肉麻婆豆腐

星度

難易度：★☆☆☆☆
美味度：★★★★☆

是麻婆豆腐簡易清爽版，清新脫俗的味道，而且豆腐是很隨意的在鍋中切碎，煮的時候完全沒壓力，愛怎麼翻攪都不用擔心切好的豆腐會被破壞，很紓壓的一道菜。

材料區

材料

雞絞肉 … 60g
嫩豆腐 … 1 盒
蒜末 … 3g
薑末 … 3g
蔥 … 1 根
酒 … 1 小匙
豆瓣醬 … 1.5 小匙
醬油 … 1 小匙
辣油 … 適量
馬鈴薯澱粉 … 1 小匙
（混合水 2 小匙）

步驟區

步驟

1 將雞胸肉剁成碎末。
2 鍋中少許油，加入蒜末、薑末炒香，放入雞肉、酒和少許蔥，拌勻翻炒。
3 蓋上鍋蓋，小火悶煮 3 分鐘。
4 揭蓋後，加入豆腐、豆瓣醬、醬油，用湯匙弄碎豆腐。
5 豆腐炒勻，加入馬鈴薯澱粉水勾芡，快速攪拌至滾沸，再撒上蔥花、淋上辣油。

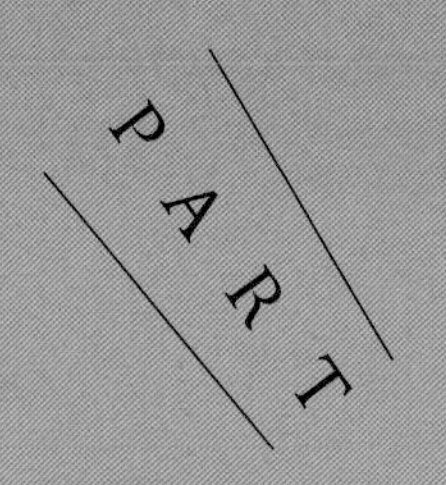

2

主菜篇

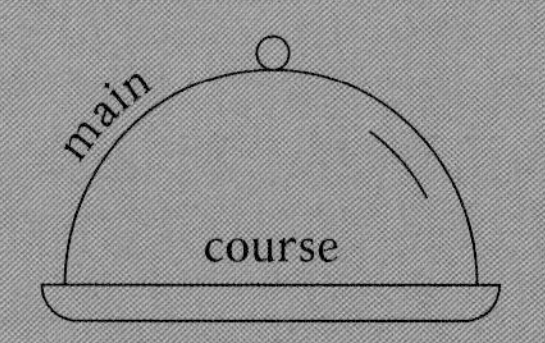

33.

美乃滋炸蝦

星度

難易度：★★☆☆☆
美味度：★★★☆☆

這個配方的麵糊，炸出來的麵皮，顏色非常好看，所以，
就算稍微有油爆，都是值得的，好美的炸蝦。

材料區

材料

蝦仁…100g
馬鈴薯澱粉…3 小匙
蛋白…1 顆
低筋麵粉…20g
水…25g
泡打粉…1.25g
美乃滋…2 大匙
蕃茄醬…1/2 大匙
檸檬汁…2 ～ 3g（1/8 片）
牛奶…5 ml
糖…5g
鹽…少許

步驟區

步驟

1 洗淨的蝦仁，加蛋白、1 小匙馬鈴薯澱粉，輕輕攪拌至起泡。
2 調和麵衣糊（馬鈴薯澱粉 2 小匙、低筋麵粉、水、泡打粉），將蝦仁沾滿麵糊均勻包裹。
3 預熱油鍋至 160℃ -170℃，輕放入蝦仁，炸至金黃色。
4 取出炸蝦，瀝乾多餘油份。
5 調製沾醬，將美乃滋、蕃茄醬、鹽、檸檬汁、牛奶和糖混合攪拌，食用時沾醬。（或直接選用千島醬）

①

②

③

④

⑤

34.

椰汁辣雞

星度

難易度：★★☆☆☆
美味度：★★★★☆

很下飯的椰汁辣雞，就算沒有肉，一湯匙椰汁醬，就能配半碗飯，有點可怕，可以說是非常好吃，很異國風味的料理。

材料區

材料

去骨雞腿…1 片（約 190g）
辣椒…1 根（絕對要放，辣辣的好吃）
洋蔥…1/4 顆
蒜泥…3g
水…250g
椰漿…200g
鹽…適量
雞湯粉…1 小匙
豆瓣醬…1 小匙
糖…1 小匙
醬油…1/2 小匙

步驟區

步驟

1 雞肉切小塊，撒鹽，醃 5 分鐘。
2 鍋中少許油，放雞肉，炒 1 分鐘。
3 加洋蔥、辣椒、蒜泥，炒 3 分鐘。
4 加水、椰漿，大火煮滾，加蓋鍋，小火煮 7 分鐘。
5 倒入調醬（豆瓣醬、雞粉、醬油、糖混合），攪拌均勻煮滾。

35.

電子鍋五花叉燒肉

星度

難易度：★★☆☆☆
美味度：★★★☆☆

不敢吃五花肉的人，可以換成其他肉，畢竟有些事是勉強不來的，主要是想分享特別的料理方法。這道的肉，竟然是使用電子鍋保溫方式，太超乎我想像了，一次做就成功，很有意思。

材料區

材料

五花肉…350g
鹽…少許
黑胡椒粉…少許
酒…6 大匙
味醂…4 大匙
醬油…4 大匙
糖…2 大匙
綠蔥…2 根
蒜片…2 顆
薑片…2 片
90 ℃熱水…700ml

步驟區

步驟

1 豬肉撒鹽、黑胡椒粉，醃 10 分鐘。
2 鍋中少許油，煎豬肉至微焦色，取出。
3 原鍋倒入酒、味醂、醬油、糖煮滾，放入肉，雙面煮 1 分鐘。
4 用料理夾鏈袋，放肉塊、醬汁、蒜片、薑片、綠蔥，擠出氣，密封。
5 密封的肉，放電子鍋中，倒入 90 ℃熱水，保溫 4 小時，即可切片食用。

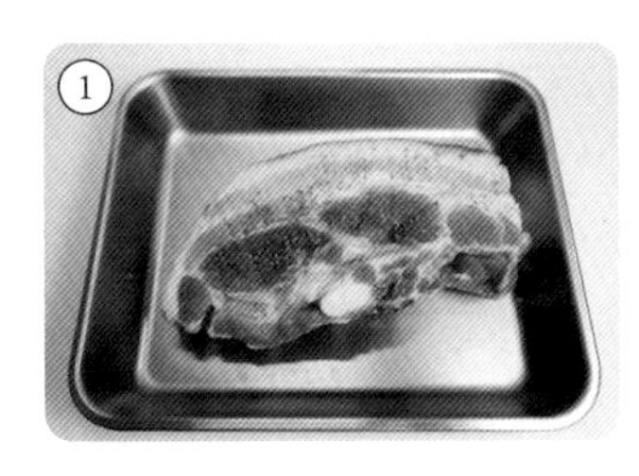

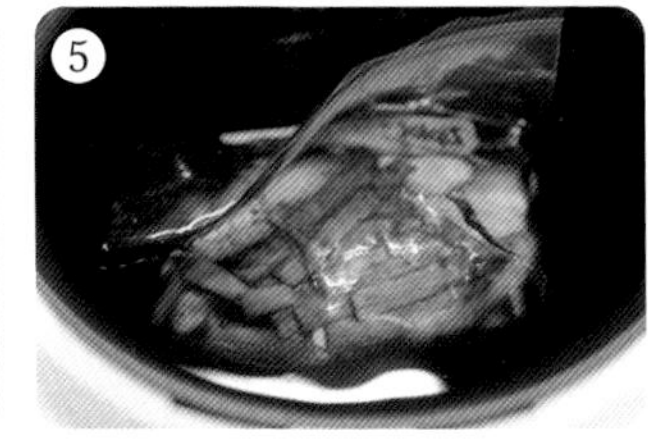

36.

香煎脆皮香草雞腿

星度

難易度：★☆☆☆☆
美味度：★★★★★

這本書裡透漏太多秘方了，以前以為好吃的食物，背後都會有複雜的工序，這道根本顛覆我的想法，幾乎是輕輕鬆鬆完成，連煮菜時都會戴的口罩，都忘記要戴，因為沒什麼油煙，鍋蓋蓋著蓋著就完成了，神速又神奇。

材料區

材料

去骨雞腿…1片（約170g）
低筋麵粉…2大匙
蒜泥…3g
羅勒葉粉…1g
辣椒粉…1g
雞湯粉…1/2小匙
鹽…少許

步驟區

步驟

1 將蒜泥、羅勒葉粉、辣椒粉、雞粉和鹽，混入雞腿，醃10分。
2 完成醃製後，再撒辣粉和羅勒葉粉，雙面均勻撒上麵粉。
3 鍋中少許油，熱後放入雞腿（雞皮朝下）。
4 蓋上鍋蓋，小火煎10分鐘。
5 開鍋蓋，雞腿翻面。
6 再蓋上鍋蓋，小火煎2分鐘。

37.

照燒雞翅

星度

難易度：★★☆☆☆
美味度：★★★★☆

我很怕油爆，但是這個炸雞翅只要表面水份擦乾，就不會爆，況且，是從冷油開始，完全不用害怕。刷醬的雞翅就是王道，吃過還會想常常炸來吃。

材料區

材料

雞翅…7 支
鹽…少許
醬油…1 大匙
味醂…1.5 大匙
酒…1 大匙
蒜泥…3g
黑胡椒粉…少許

步驟區

步驟

1 雞翅撒鹽醃 10 分鐘，擦乾表面水分。
2 鍋裡放雞翅，倒入冷油，冷油炸。
3 油熱約 170° C，炸 10 ～ 15 分鐘熟透。
4 調醬，平底鍋熬醬油、味醂、酒、蒜泥、黑胡椒粉，小火煮 3 ～ 5 分鐘至濃稠。
5 刷醬汁在雞翅上。

38.

烤炸蝦

星度

難易度：★☆☆☆☆
美味度：★★★★☆

這菜名，到底是烤的還是炸的啦～都被弄糊塗了，在前面有介紹過炸蝦，所以，這道是介紹烤蝦，但是長的很像炸蝦，哈～～因為，一定還是有人不敢炸蝦，而且，每次炸東西都要用好多的油又好麻煩，那就改烤的吧～少油多健康。

材料區

材料

大蝦仁…80g
美乃滋…2 大匙
麵包粉…3 ～ 4 大匙
美乃滋…1 大匙（混合沾醬用）
蕃茄醬…1 大匙（混合沾醬用）

步驟區

步驟

1 蝦仁去腸洗淨，瀝乾，放入袋中，加 2 大匙美乃滋，攪拌均勻。
2 蝦仁裹滿麵包粉，雙面均勻。
3 平放在烤盤上。
4 烤 200° C/6 分鐘，翻面再烤 200° C/6 分鐘（視蝦仁大小）。
5 混合 1 大匙美乃滋和 1 大匙蕃茄醬（或千島醬），烤蝦可沾醬享用。

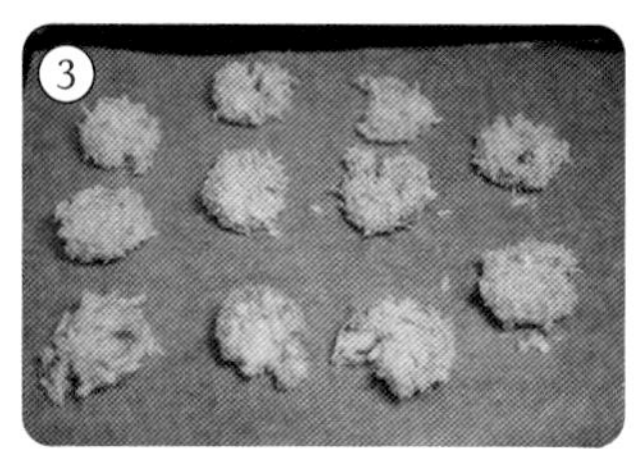

39.

西餐廳的炸豬排

星度

難易度：★★☆☆☆
美味度：★★★★☆

豬排要好吃，就是要不柴，夠軟才好吃，煎之前請好好的拍打豬排，讓這道人氣食譜能繼續傳承下去吧～

材料區

材料

豬里肌…2 塊
鹽…少許
黑胡椒粉…少許
馬鈴薯澱粉…2 大匙
酒…2 大匙
味醂…2 大匙
醬油…1 大匙
伍斯特醬…1 大匙
蕃茄醬…1 小匙
蘋果泥…1/4 顆

步驟區

步驟

1 豬里肌片筋膜切斷，劃 3～4 刀，輕輕用刀拍鬆，兩面撒上鹽、黑胡椒粉。
2 肉片輕輕沾馬鈴薯澱粉。
3 鍋中放 2 大匙油，肉片兩面煎至金黃色。
4 倒入調味醬汁（蘋果泥、酒、味醂、醬油、伍斯特醬、蕃茄醬）
5 持續淋醬汁於肉上，翻面並淋，直至醬汁濃稠，肉完全熟透。

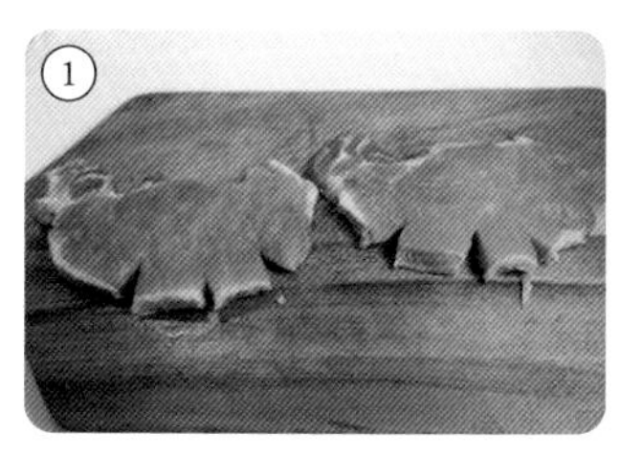

40.

玉子漢堡排

星度

難易度：★★★☆☆
美味度：★★★★☆

怎麼一回事，漢堡排裡面怎麼會有一顆蛋？跟健達出奇蛋一樣，打開充滿驚喜又好吃好玩，不過，不建議帶便當，不小心拿去微波，水煮蛋可能會炸裂喔～

材料區

材料

半熟蛋…2 顆
洋蔥…1/4 顆
豬絞肉…150g
麵包粉…15g
生雞蛋…1 顆
鹽…適量
黑胡椒粉…適量
水…100 ml
低筋麵粉…5g
蕃茄醬…2 大匙
糖…1/2 小匙
奶油…2g
醬油…10g

步驟區

步驟

1 洋蔥、絞肉、麵包粉、生雞蛋、鹽、黑胡椒粉，攪拌均勻，分成 2 份。
2 壓扁肉排，包入半熟蛋。
3 外層沾麵粉。
4 小火煎漢堡排每面 2 分鐘，煎到焦色。
5 加入 100 ml 水，蓋上鍋蓋，悶蒸 8 分鐘，取出。
6 用原鍋湯汁，加入蕃茄醬、醬油、糖、奶油，滾沸，淋在漢堡排上即可享用。

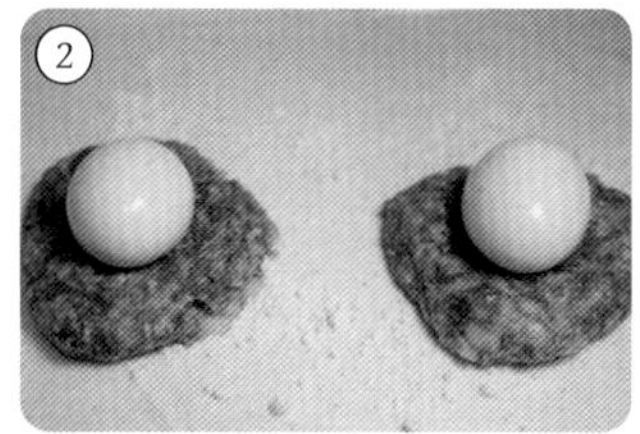

41.

紅蘿蔔燉牛腱

星度

難易度：★☆☆☆☆
美味度：★★★★☆

牛腱是需要花時間燉煮，才會夠軟。料理不同種的食材，就會有不同需要的時間，所以，很多事情真的不能急，如果想快一點，可以換成牛肉塊，找一個適合自己步調的食材就好。

材料區

材料

牛腱…160g（切小塊）
紅蘿蔔…1 根（約 150g，切小塊）
鹽…少許
水…150g
酒…1 大匙
味醂…1 大匙
醬油…1 小匙
大蒜…1 顆
月桂葉…1 片

步驟區

步驟

1 用鹽醃牛腱 3 分鐘，與紅蘿蔔一起入鍋，少許油，小火拌炒。
2 牛腱與紅蘿蔔炒至半熟。
3 加水、酒、味醂、醬油、大蒜、月桂葉，煮至滾沸。
4 蓋上鍋蓋，小火燉煮 30 ～ 40 分鐘。
5 完成後，開蓋確認味道和肉質。想更軟一點，多加些水，再多悶煮 15 ～ 20 分鐘。

42.

蜜椒豬排

星度

難易度：★☆☆☆☆
美味度：★★★☆☆

原菜單是使用顆粒胡椒，用研磨缽磨碎方式，家裡剛好有的人，可以試試，胡椒粒研磨後，味道一定更香。

材料區

材料

豬肩肉…2 片
迷迭香…一小段
鹽…少許
蒜片…1 顆
橄欖油…1 小匙
黑胡椒粉…3g
蜂蜜…1 小匙

步驟區

步驟

1 迷迭香、鹽、蒜片、橄欖油與豬排放入袋中，輕輕搓揉均勻。
2 使用肉錘輕敲豬排，使醃料滲入肉中，增添風味。
3 冷藏醃製 2 至 4 小時，待其入味，取出後用少許油煎至金黃香脆。
4 豬排雙面煎至呈焦色，約 6 至 8 分鐘。
5 將黑胡椒粉與蜂蜜混合研磨，或使用研磨的黑胡椒粉粒，沾取食用。

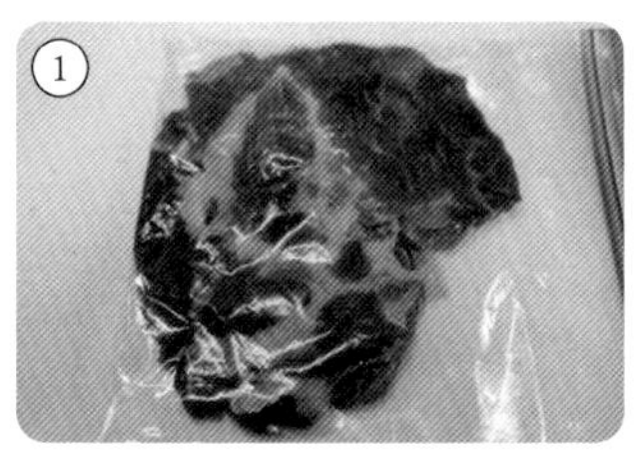

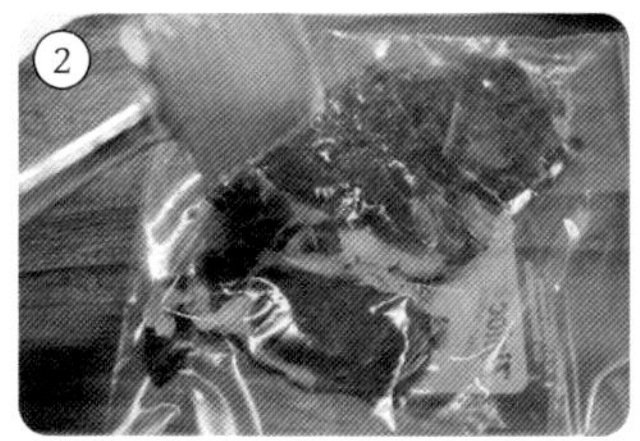

43.

香酥紫蘇雞肉

星度

難易度：★★☆☆☆
美味度：★★★★☆

終於買到日本紫蘇葉了，這樣煎出的雞肉，非常香酥，雖然紫蘇葉與九層塔味道不同，但吃起來非常像鹽酥雞，所以，可以使用九層塔替代，一般鹽酥雞的九層塔是放外面爆香提味，使用這個方式，可以讓九層塔直接和肉一起煎，香味會更濃郁。

材料區

材料

雞柳…200g（切小塊）
紫蘇葉…5～10片（或九層塔）
蒜泥…3g
薑泥…3g
芝麻油…1/2 小匙
酒…25g
檸檬汁…10g
鹽…少許
馬鈴薯澱粉…2 大匙

步驟區

步驟

1 切碎紫蘇葉。
2 紫蘇葉、雞塊、蒜泥、薑泥、芝麻油、酒、檸檬汁、鹽，在袋中混合。
3 醃製 15 分鐘。
4 雞肉塊沾馬鈴薯澱粉，確保肉上帶著紫蘇葉。
5 熱鍋，放入足夠的油，煎炸雞肉至金黃酥脆，食用前加點檸檬汁。

44.

香煎雞翅

星度

難易度：★★☆☆☆
美味度：★★★★☆

在家常菜 FB 社團裡 PO 了這個雞翅，獲得非常好的回響，原來，有好多跟我一樣愛吃雞翅的同好，醬汁只要有煮滲到雞翅內，就會很美味喔～

材料區

材料

雞翅…6 支	味醂…2 大匙
鹽…適量	白芝麻…適量
黑胡椒粉…適量	
低筋麵粉…2 大匙	
酒…2 大匙	
醬油…1.5 大匙	

步驟區

步驟

1 雞翅撒鹽、黑胡椒粉，再均勻撒輕薄麵粉。

2 鍋中少許油，雞皮朝下，煎至金黃酥脆（約 4 分鐘）。

3 輕輕翻轉，再煎至另一面金黃（約 4 分鐘）。

4 鍋中加入酒、醬油、味醂，稍微煮沸，淋於雞翅上。

5 雞翅翻面，蓋上鍋蓋，悶 4 分鐘，再翻面，蓋上鍋蓋，再悶 4 分鐘。完成撒白芝麻。

45.

日式燉肉

星度

難易度：★★☆☆☆

美味度：★★★☆☆

跟台式的滷肉不一樣，滷汁配方不同，是偏甜的日式口味，

不喜歡太甜的，可以減少味醂和蜂蜜。

材料區

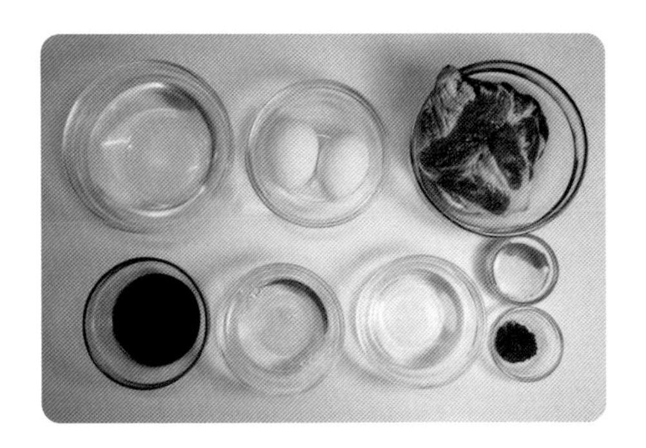

材料

豬肩肉…1 塊（約 365g）
醬油…3 大匙
酒…3 大匙
味醂…3 大匙
蜂蜜…2 大匙
水…250ml
五香粉…1.5g
水煮蛋…2 顆

步驟區

步驟

1 平底鍋加少油，豬肉煎到微焦。
2 深鍋內倒入水、醬油、酒、味醂、蜂蜜及豬肉，煮滾，加五香粉。
3 蓋鍋，小火悶 30 分。
4 豬肉翻面，加入水煮蛋，蓋鍋，再悶煮 30 分。
5 豬肉切片，淋醬汁食用。

46.

蔬菜醬佐煎魚排

星度

難易度：★★☆☆☆
美味度：★★★★★

雖然是煎魚，卻不會油膩，反而非常的清爽，與蔬菜醬的組合是絕配，就算在炎熱的夏天，吃了會開胃，在家庭聚會或是宴會端出來，也很美觀大方。

材料區

材料

鱸魚排…1片
鹽…少許
黑胡椒粉…少許
馬鈴薯澱粉…1大匙
小黃瓜…50g
洋蔥…30g
茄子…60g（1小顆）
九層塔…少許
冷開水…70ml
醬油…1大匙
糖…1大匙
蒜泥…3g
薑泥…3g
醋…20ml
辣椒醬…少許
白芝麻…少許

步驟區

步驟

1 魚排雙面撒鹽、黑胡椒粉。
2 魚排切小塊，均勻裹馬鈴薯澱粉。
3 鍋中少許油，魚排雙面煎至金黃熟透。
4 茄子包保鮮膜，微波600W／3分，待涼。
5 小黃瓜、洋蔥、茄子、九層塔切碎，加冷開水、醬油、糖、蒜泥、薑泥、醋、辣椒醬、白芝麻拌勻，淋在魚排上享用。

①

②

③

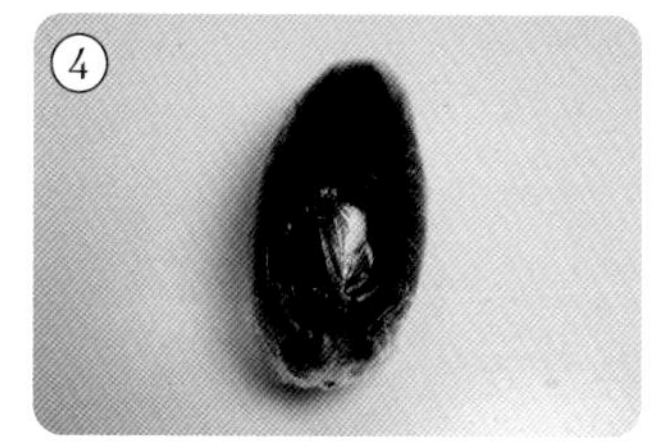
④

⑤

47.

叉燒

星度

難易度：★★☆☆☆

美味度：★★★★☆

方便簡單的烤箱料理，只要搭配上白飯、荷包蛋、青菜，

就能化身成為黯然銷魂飯，但是，最好要等一個晚上醃製，

完全入味的叉燒才夠銷魂。

材料區

材料

豬肉…300g
醬油…1.5 大匙
酒…1 大匙
味醂…1 大匙
糖…1 小匙
薑片…3 片
蒜片…1 顆
黃芥末醬…少許（可以選擇性加）

步驟區

步驟

1. 將醬油、酒、味醂、糖、薑片、蒜片、黃芥末醬混合均勻。
2. 醬汁倒入袋中，加入豬肉，輕按按摩使肉均勻沾滿，排出空氣，冷藏一晚。
3. 隔日取出，放室溫回溫一小時。
4. 烤箱預熱 180° C，第一面烤 20 分，翻面烤 25 分鐘。
5. 倒出醬汁煮沸至濃稠，淋在切片叉燒上，即可享用。
6. 叉燒放涼切片。

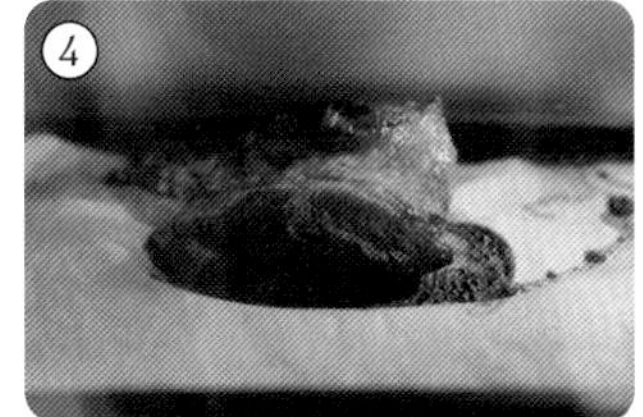

48.

蔥牛堡排

星度

難易度：★★★☆☆
美味度：★★★☆☆

很特別的一道料理，不是一般絞肉的口感，這是屬於大家一起吃的一道小菜，切成小塊或用筷子夾取加上蔥花的方式食用，是分食料理，而不是獨享堡排。

材料區

材料

牛肉…200g
醋…50g
蔥…2 根
低筋麵粉…1 大匙
鹽…少許
黑胡椒粉…少許

步驟區

步驟

1 牛肉剁碎，捏成 1 公分厚的圓片。
2 雙面均勻撒上麵粉。
3 鍋中放油，放入牛肉，中小火煎 3 分鐘，煎至底部金黃色，翻面。
4 倒入醋。
5 蓋上鍋蓋，小火煮至醬汁收乾（約 15 ~ 18 分鐘），盛盤，撒鹽、黑胡椒粉和蔥花。

49

照燒雞腿排

星度

難易度：★★☆☆☆
美味度：★★★★★

原來加了肉桂粉就會這麼好吃，真心不騙，我知道，很多人不敢吃肉桂粉，那可以調整比例減少一些，但是我吃過後，簡直不敢相信，真的有肉桂粉嗎？並不是味覺失調，而是真的不容易發覺，那個味道很細微，總之，我吃到的是好吃兩個字。

材料區

材料

雞腿排…1 片（約 230g）
馬鈴薯澱粉…1 大匙
鹽…少許
味醂…2 大匙
醬油…2 小匙
糖…1/2 大匙
肉桂粉…1/4 小匙（0.4g）
黑胡椒粉…少許

步驟區

步驟

1 雞腿排、馬鈴薯澱粉和鹽放入袋中，混合均勻裹粉。
2 鍋鍋中少許油，將雞腿排皮面朝下，小火煎 5 分鐘。
3 雞腿排翻面，蓋上鍋蓋，小火煎 5 分鐘。
4 翻開鍋蓋，將混合醬汁（味醂、醬油、糖、肉桂粉）倒入，以湯匙持續淋在雞腿排上，煮至醬汁變濃稠（約 6 分鐘）。
5 完成後，將雞腿排切片，撒上黑胡椒粉。

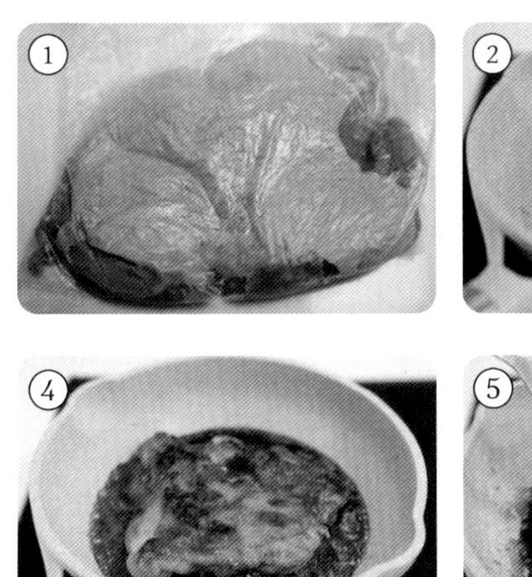

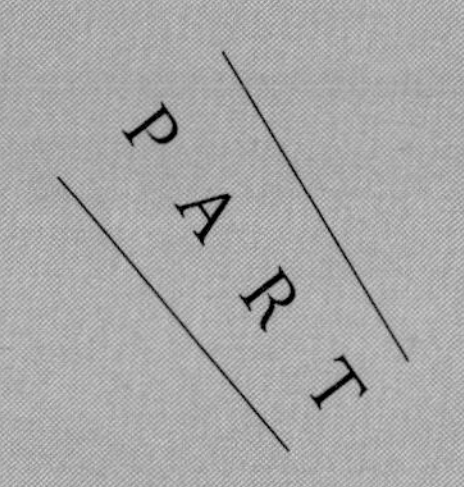

3

主餐篇

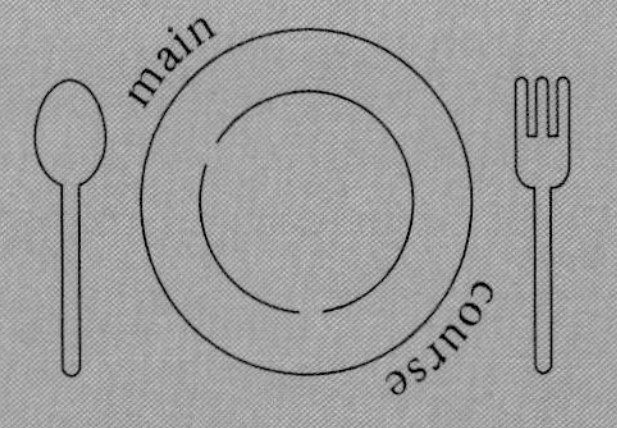

50.

蝦菇炊飯

星度

難易度：★★☆☆☆
美味度：★★☆☆☆

幫菜名取了一個詼諧的名字，一目了然，蝦子要好吃的秘訣其實就是勤勞，應該正確地來說，是去除腸泥，買市場的蝦就認真地去除，不然真的就是買去好腸泥的蝦，煮出來的味道會差非常多，吃飽也可以吃巧。

材料區

材料

蝦仁…100g
蘑菇…5～6朵(切片)
白米…2杯
水…450 ml
洋蔥…1/4顆
紅甜椒丁…1/4顆
奶油…15g
味醂…1大匙
雞粉…2小匙
香菜粉…少許

步驟區

準備工作

蝦仁先開背去除腸泥，洗淨後，擦乾。

步驟

1 鍋內加5g奶油，加入蘑菇、蝦仁翻炒至變色，撈起備用。
2 白米洗淨，倒入電子鍋，加入洋蔥、紅甜椒、味醂、雞粉、奶油10g，之前炒過的蘑菇和蝦仁。
3 再加入水450 ml，按下白米模式開始炊飯。炊飯完成後，輕輕攪拌均勻，盛入碗中，撒上香菜粉。

①

②

③

51.

牛肉起司蓋飯

星度

難易度：★★☆☆☆
美味度：★★★☆☆

稍微重口味，喜歡清淡飲食的朋友，請將調味料都減量，
以達最最舒適的口味。

材料區

材料

牛五花…150g
起司絲…50g
糖…1 小匙
醬油…1.5 小匙
酒…2 小匙
薑泥…3g
蒜泥…3g
雞粉…1/2 小匙
黑胡椒粉…少許

步驟區

步驟

1 鍋中放油，加入牛肉切片煎熟。
2 中火煎至完全熟透。
3 轉小火，倒入醬油、酒、糖、雞粉、蒜泥、薑泥，煮至醬汁滾沸。
4 最後加入起司絲，煮至融化。之後盛盤，撒上黑胡椒粉即可。

52.

蛤蜊炊飯

星度

難易度：★☆☆☆☆
美味度：★★★☆☆

一般蛤蜊都是拿來煮湯或熱炒，一定沒想過能做成炊飯，簡單純樸的味道，好適合深夜食堂，如果蛤蜊放太少，可能會造成互搶情況，所以視家庭成員來增量，以達維持美好和諧的家庭歡樂氣氛。

材料區

材料

蛤蜊…200g(僅供參考量)
白米…2 杯
水…1.9 杯
醬油…1.5 ～ 2 小匙
料理酒…1 小匙
柴魚片…3g
蔥花…適量
黑胡椒粉…適量
鹽…適量
奶油…少許

步驟區

準備工作

蛤蜊吐沙完成，用鹽清洗擦乾。

步驟

1 將洗淨的米倒進電子鍋，加入醬油、酒。
2 鋪上蛤蜊，加 1.9 杯水。
3 按炊飯鈕，炊飯完成(約 47 分鐘)，開鍋。
4 撒柴魚片，拌入飯。(食用時，撒蔥花、鹽、胡椒粉、奶油。)

53.

香料炒飯

星度

難易度：★★☆☆☆

美味度：★★★★☆

一絕的美味，是屬於濕潤型的炒飯(吃不慣可以炒久一點)，而且會顛覆你對炒飯的味道。人生有時候不去嘗試，是無法知道箇中滋味的，去做去試，才能知道自己的喜好。就像這道的伍斯特醬，以前從來沒用過，很難理解味道，直到品嚐過後，才能明白它的美味。

材料區

材料

冷飯…1 碗（120g）
豬里肌肉…90g(切成小丁)
洋蔥…1/4 顆
蒜末…1 片
黑胡椒粉…少許
伍斯特醬…1 大匙
醬油…1 小匙
美乃滋…1/2 大匙
柴魚粉…1 小匙
糖…1 小匙
咖哩粉…1/4 小匙
蔥花…少許
蛋黃…1 顆

步驟區

步驟

1 將肉、洋蔥、蒜末，切小塊，放入鍋，少量油，炒到半熟，加黑胡椒粉。
2 放冷飯，炒到鬆散。
3 倒入混合醬（伍斯特醬、醬油、美乃滋、柴魚粉、糖、咖哩粉）。
4 飯炒勻至乾。
5 關火，撒蔥花，趁熱加蛋黃，快速攪拌。

54.

香蒜海苔培根義大利麵

星度

難易度：★★☆☆☆
美味度：★★★★☆

吃完要漱口，因為有滿滿的海苔，但就是海苔滿滿，才能讓這道義大利麵，香氣如此濃郁，香味逼人(還有蒜香)，如果，想要準備情人節菜單時，良心建議使用別道食譜。

材料區

材料

義大利麵…100g
蒜末…1 顆
培根…2 片（約 50g）
海苔粉…1.5 大匙
水…380g
醬油…1 大匙
辣椒…1 根
鹽…少許
奶油…5g
雞蛋…1 顆

步驟區

步驟

1 培根切小片，和蒜末在鍋中炒至香脆。
2 加水、義大利麵、辣椒、海苔粉 (1 大匙)、醬油、鹽。
3 將義大利麵煮熟，水收乾。
4 熟麵後關火，加奶油、海苔粉 (0.5 大匙)。
5 趁熱在麵中拌入蛋液。

55.

清爽義大利拌麵

星度

難易度：★☆☆☆☆
美味度：★★★☆☆

上一篇介紹的是濃郁型的義大利麵，這一篇則是清爽型的，其實從菜名就能看得出來。清爽的來源是小黃瓜泥，想不到吧～小黃瓜大多是切來吃的，怎麼會用磨泥？真的太特別，而且味道很乾淨。

材料區

材料

義大利麵…50g
蕃茄…1/2 顆
小黃瓜…1/2 條
蒜泥…3g
培根…1 片
章魚腳…50g
魚露…1/2 小匙
橄欖油…1 小匙

步驟區

步驟

1 煮滾水，放入章魚腳，再關火，蓋鍋蓋悶 10 分鐘，取出切小塊 (參考第 5 道做法)。
2 培根切小塊，煎脆。
3 混合小黃瓜泥、蕃茄丁、蒜泥。
4 義大利麵煮好撈起，加入橄欖油。
5 章魚、培根、小黃瓜蕃茄混合醬、魚露，倒入義大利麵上攪拌。

56.

辣炒泡菜燒肉義大利麵

星度

難易度：★★☆☆☆
美味度：★★★★★

很想改取菜名為「轟動到造成搶食的義大利麵」，麵剛炒好的時候，香味撲鼻，突然好餓好想趕快開吃，所以拍成品照的時候，拍的非常快，很怕大盤的麵會被老公吃完，還好，他最後還有留肉燥給我，沒導致家庭革命。

材料區

材料

義大利麵…100g
豬絞肉…100g
泡菜…50g
燒肉醬…1 大匙
辣椒醬…1 小匙
薑泥…3g
蒜泥…3g
黑胡椒粉…適量
海苔絲…適量
蔥花…適量

步驟區

步驟

1 義大利麵煮熟，瀝乾備用。
2 鍋中少許油，放入絞肉、薑泥、蒜泥，炒至半熟。
3 加入烤肉醬、辣椒醬，炒熟。
4 加入麵、泡菜，炒均勻。
5 最後撒上黑胡椒粉、海苔絲、蔥花。

57.

開胃黃瓜涼麵

星度

難易度：★★☆☆☆
美味度：★★★★★

光看照片，一定不知道綠色的這個到底是什麼？(其實前兩篇就有介紹過)，不過，把書本跳著翻頁的你，恭喜你，現在你知道了，這其實是小黃瓜泥，混合搭配鮪魚及涼爽的麵線一起吃，會有吹著冷氣的清新感受。

材料區

材料

細麵…1 把（或麵線）
罐頭鮪魚…50g
小黃瓜…60g
檸檬汁…1/2 小匙
薑泥…1.5g
醬油…1/2 小匙
冰開水…200 ml（含冰塊更好）
白芝麻…少許

步驟區

步驟

1 細麵煮熟，用冰水冰鎮。
2 撈起麵，加混合醬 (薑泥、醬油、檸檬汁)。
3 小黃瓜磨成泥。
4 鋪小黃瓜泥、鮪魚於麵上，撒上白芝麻，愛泡菜者可加適量搭配。

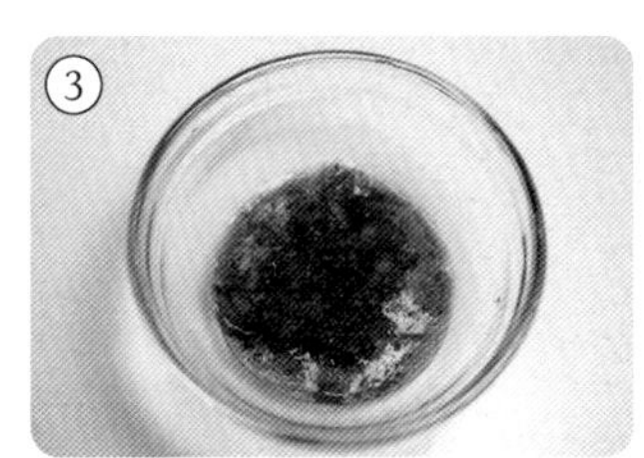

58.

咖 哩 乾 拌 麵

星度

難易度：★★☆☆☆
美味度：★★★☆☆

還可以加入小黃瓜絲，和拌麵一起拌著吃，口感也會更加有層次。

材料區

材料

乾麵…80g
豬絞肉…100g
洋蔥…1/4 顆（60g）
蒜泥…3g
薑泥…3g
咖哩粉…2g
醬油…1 小匙
蠔油…1 小匙
糖…1/2 小匙
水…100ml
辣油…少許
蔥花…2 支

步驟區

步驟

1 鍋中少油，小火洋蔥先炒軟，加蒜泥、薑泥、絞肉，肉半熟後，加咖哩粉。
2 拌炒肉至咖哩上色。
3 加蠔油、醬油、糖、水，煮 8 分鐘，再加辣油。
4 小火繼續煮至湯汁快收乾。
5 倒在煮好的麵條上，再加上蔥花即成。

59.

德國香腸義大利麵

星度

難易度：★★☆☆☆
美味度：★★★☆☆

自從使用過伍斯特醬後，發現有加它的料理都很好吃，有點類似烏醋，聞起來可以說像是水果烏醋，微甜酸的味道，百貨公司的超市都可以買得到。

材料區

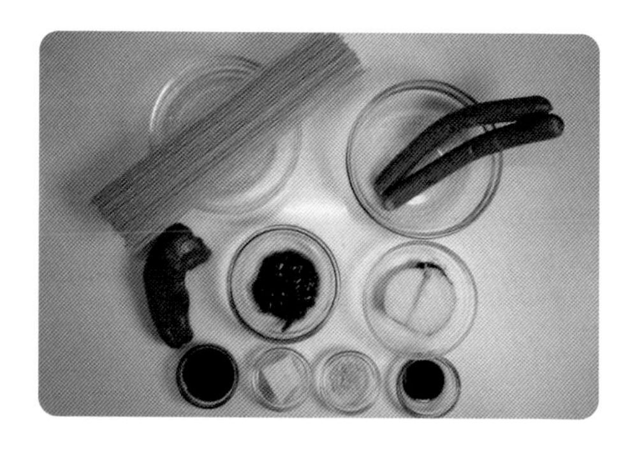

材料

義大利麵…100g
洋蔥…1/2 顆
青椒…1 顆
德國香腸…2 根
奶油…10g
蕃茄醬…30g
伍斯特醬…1/2 大匙
醬油…1 小匙
雞粉…1 小匙

步驟區

步驟

1 義大利麵煮熟，瀝乾，加入橄欖油拌均勻。
2 鍋中加奶油，加洋蔥絲、青椒絲、德國香腸片，炒至熟。
3 加入義大利麵。
4 加入蕃茄醬、伍斯特醬、醬油、雞粉，炒至醬色均勻上色。

60.

南瓜咖哩

星度

難易度：★★☆☆☆
美味度：★★★★☆

你以為咖哩就必須很強烈濃郁嗎？一點也不，這道的咖哩很溫潤，有南瓜的甜及黑芝麻粉的香，一切都很和諧，又是很新穎第一次嚐過的味道，而且還很文青風（這……到底是什麼味道啦……），不試不會怎樣，試了很不一樣～

材料區

材料

豬絞肉…150g（雞絞肉更好）
南瓜…200g
奶油…5g
高湯…200ml
豆漿…200ml
味醂…1 小匙
醬油…1 小匙
咖哩粉…4g
黑芝麻粉…少許

步驟區

步驟

1 鍋中加奶油，絞肉炒到半熟，加南瓜塊。
2 倒入高湯、味醂、醬油，加蓋中火煮 8 分鐘。
3 開蓋壓碎南瓜再煮 3 分鐘。
4 加咖哩粉拌均。
5 分次加豆漿煮沸，約 3 分鐘，完成後加黑芝麻粉一同享用。

61.

微波速咖哩

星度

難易度：★☆☆☆☆
美味度：★★★☆☆

看到微波咖哩的菜單，真的很興奮，竟然有這樣快又方便的方式，就能完成一道平常要熬煮很久的咖哩，當然，煮很久的那種一定是更好吃的，但是，沒時間料理又不想出門的人，微波速食也是一個方式。

微波十分鐘後非常滾燙，要非常小心，使用的耐熱器皿，也要容量夠大，才能安全喔～

材料區

材料

豬絞肉…80g
洋蔥…1/4 顆
咖哩塊…1/2 小塊（1 塊咖哩真的很鹹）
蕃茄醬…2 小匙
奶油…10g
水…100 ml
優格…1 大匙
起司絲…20g
白飯…1 碗

步驟區

步驟

1 將絞肉、洋蔥、咖哩塊、蕃茄醬、奶油、水、優格，放入耐熱皿內，輕輕攪拌，蓋上保鮮膜。
2 微波 600W ／ 10 分鐘，完成後打開保鮮膜，攪拌所有材料，撒上起司絲。
3 再蓋上保鮮膜，微波 600W ／ 1 分鐘。
4 微波完成取出，攪拌均勻。

62.

專賣店咖哩

星度

難易度：★★☆☆☆
美味度：★★★☆☆

這道咖哩是偏重口味，實在太下飯了，很容易白飯吃過量，大約三口咖哩的量，就能配一碗飯，而且是屬於大人的咖哩，如果要煮給孩子吃，水份請多加一些調整。

材料區

材料

豬絞肉…80g
洋蔥…1/2 顆（約 150g）
蕃茄…1/2 顆（約 70g）
紅酒…25g
蒜泥…3g
鹽…1/2 小匙
糖…1 小匙
咖哩粉…1 小匙
咖哩塊…1 小塊
伍斯特醬…1 小匙
水…20 ml

步驟區

步驟

1 鍋中少油，放洋蔥、豬絞肉、蒜泥，炒至軟及全熟。
2 加紅酒，炒 3 分鐘。
3 加碎蕃茄、鹽、糖、咖哩塊、咖哩粉、伍斯特醬，炒到咖哩溶化。
4 加少許水，約 20 ml ～ 30 ml。
5 煮至水份濃稠收乾。（可依口味，調整水份）

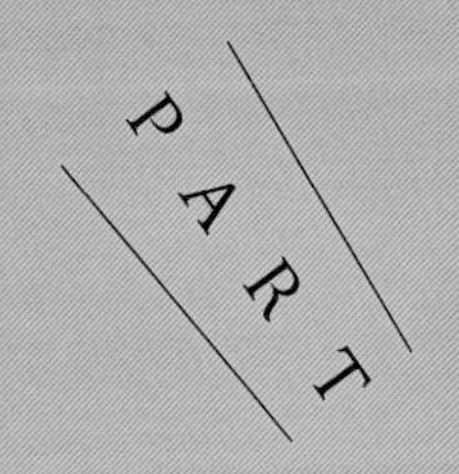

4

吐司篇

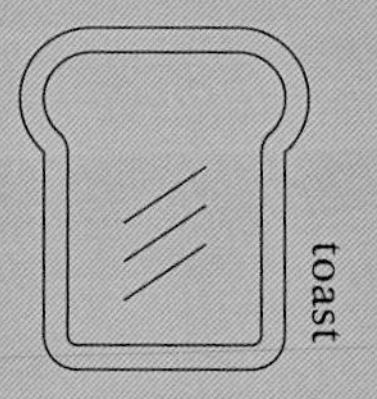

63.

花椰菜蝦仁三明治

星度

難易度：★☆☆☆☆

美味度：★★★★★

不要看菜名和材料這麼簡單這麼普通，沒有什麼，但味道就是鮮美又清爽，蝦的脆甜搭配花椰菜、蛋白不同口感混合交織下，非常融合又完美的呈現。

材料區

材料

吐司…2 片（請烤過）
燙過的花椰菜…30g
蝦仁…2 隻
水煮蛋…2 顆
美乃滋…2 大匙
雞粉…1/2 小匙
醬油…1/2 小匙

步驟區

步驟

1 蝦仁雙面煎熟。
2 花椰菜、蝦仁切碎放入碗，再加入水煮蛋、美乃滋、雞粉、醬油。
3 水煮蛋混合時切碎，將所有材料攪拌均勻。
4 將混合料平鋪在吐司上。
5 蓋上另一片吐司，就完成一份好吃的三明治。

64.

太陽蛋烤吐司

星度

難易度：★☆☆☆☆
美味度：★★★☆☆

簡單可愛的太陽蛋烤土司，看外觀以為只有蛋，其實背後還有不為人知的起司，吃了才能知道真相的吐司，請一定要熱熱的吃，一起揭開好吃的秘密。

材料區

材料

吐司…1 片
蛋…1 顆
起司絲…15g
美乃滋…20g

步驟區

步驟

1 吐司中心壓出 0.5cm 深、6cm 直徑的圓洞。
2 圓洞內鋪上起司絲。
3 吐司邊緣塗抹美乃滋。
4 吐司中央打入雞蛋。
5 烤箱預熱至 180°C，烤 15 ～ 20 分鐘，至酥脆即可。

65.

熱壓三明治

星度

難易度：★★☆☆☆
美味度：★★★☆☆

這是吐司三明系列之中，難度 2 顆星三明治，其實就是多一個程序，用裝水的鍋子壓吐司，也可以改成用鍋鏟壓，只要力道平均，就會有熱壓的效果。

材料區

材料

吐司…2片
火腿…2片
生雞蛋…1顆
起司片…1片
美乃滋…2小匙
芥末籽醬…1/2小匙
黑胡椒粉…少許
鹽…少許

步驟區

準備工作

先煎好荷包蛋、火腿片。

步驟

1 吐司上放煎蛋。
2 加入黑胡椒粉、鹽、火腿、起司片，另一片吐司抹美乃滋+黃芥末籽醬（先調好）。再將兩片吐司組合在一起。
3 平底鍋塗上少許油，放入吐司。
4 放鋁箔紙在三明治上，再放一個裝水的鍋子，小火煎1.5分鐘。
5 翻面後，在吐司周圍加少許油，輕壓三明治左右移動，吸收油，再加鋁箔紙和裝水的鍋子，小火煎1分鐘。

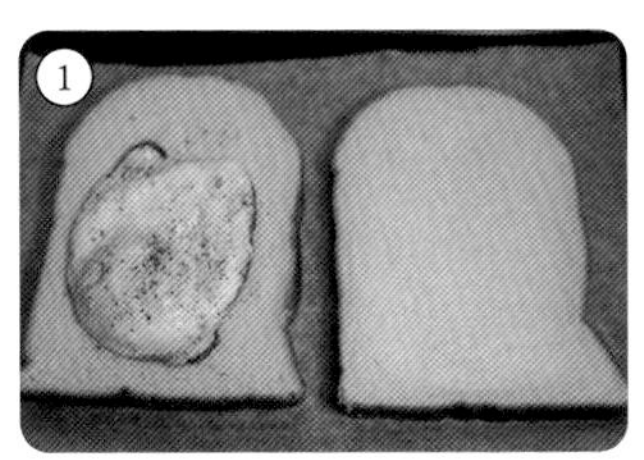

66.

香腸烤吐司

星度

難易度：★☆☆☆☆
美味度：★★★☆☆

多學幾道烤吐司，當作口袋名單，才不會假日一到，就不知道要吃什麼，隨時都能變出一道美味的早午餐，脆脆的吐司和香腸，再配上半熟蛋，很完整又美味的早午餐。

材料區

材料

吐司…1片
德國香腸…半根（切成8小片）
奶油…5g
高麗菜絲…20g
雞蛋…1顆
美乃滋…適量
黑胡椒粉…適量
鹽…適量

步驟區

步驟

1 吐司塗奶油。
2 在吐司周圍，鋪高麗菜絲。
3 放一圈德國香腸片，中心放雞蛋。
4 加黑胡椒粉、鹽，擠美乃滋。
5 烤箱預熱，烤180° C／15～20分(雞蛋變白色)。

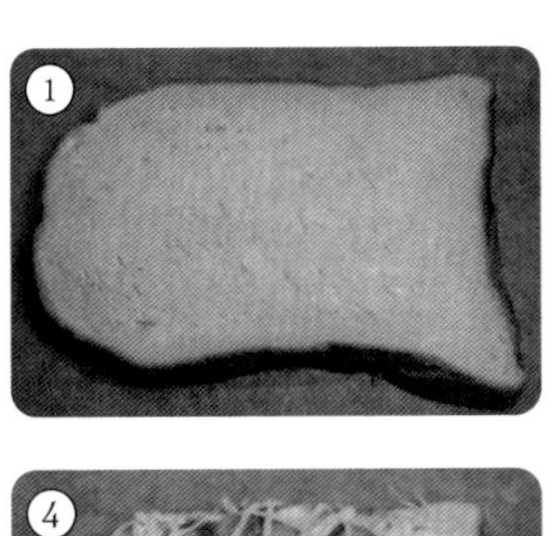
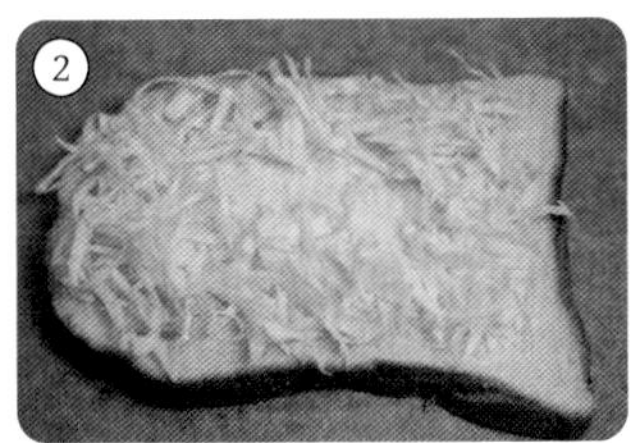

67.

雞蛋美乃滋三明治

星度

難易度：★☆☆☆☆
美味度：★★★☆☆

家裡沒有烤箱，沒關係，你的心聲我聽到了，這個三明治，只要微波爐加熱方式，就能在 5 分鐘內就能完成，非常快速。

材料區

材料 (2 份三明治份量)

吐司…4 片
雞蛋…2 顆
起司絲…4 大匙
美乃滋…3 大匙
黃芥末…2 大匙
鹽…少許
黑胡椒粉…少許

步驟區

步驟

1 起司絲、雞蛋，放入耐熱皿內，輕攪拌 5 次～ 6 次（蛋黃打破）。
2 蓋上保鮮膜，微波 600W ／ 1.5 分鐘。
3 微波後，趁熱加美乃滋、黃芥末、鹽、胡椒，攪拌成小塊。
4 將醬塗抹在吐司上。
5 與另一片吐司結合，完成一份三明治。

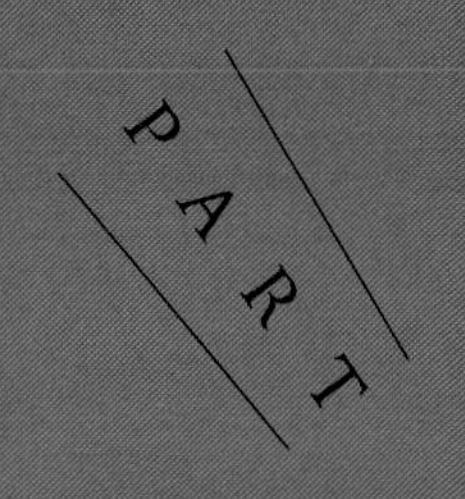

5 湯品篇

68.

蕃茄排骨湯

星度

難易度：★★☆☆☆
美味度：★★★★☆

真的很少煮湯，因為會花很多時間在等待，由此可知平常家裡有在燉湯的家庭，是用了非常多的愛在料理。這道湯，也許不是傳統媽媽的味道，喝了卻有溫暖舒服的感受。

材料區

材料

豬肋排…300g
牛蕃茄…2 顆（小的）
糖…2g
鹽…1.5g
水…200ml ～ 300ml
酒…1 大匙
豆瓣醬…1 小匙
薑泥…5g
蒜泥…5g

步驟區

準備工作

排骨先用熱水沖過，擦乾水份，再加入糖及鹽混合均勻。

步驟

1 少油熱鍋，加入排骨，煎至微焦脆。
2 加薑泥、蒜泥、豆瓣醬、酒、水，再加蕃茄（去蒂，底部十字向上）。
3 蓋上鍋蓋，小火悶煮 35 ～ 45 分鐘 (悶 12 分鐘後，可輕鬆去蕃茄皮)。
4 如果水過少，燜煮時可加 50 ～ 100ml。

69.

洋蔥清湯

星度

難易度：★☆☆☆☆
美味度：★★★☆☆

好清甜的湯，但煮湯的話，建議請使用白色洋蔥，煮出來的顏色會比較好看(也好喝)。這次使用到紫洋蔥，放涼後，顏色並不好看，還會稍微影響味覺。

材料區

材料

洋蔥…1～2顆（約380g）
橄欖油…2小匙
水…400g
醬油…1小匙
雞粉…5g
雞蛋…1顆
鹽…少許
黑胡椒粉…少許

步驟區

步驟

1 在鍋裡倒入橄欖油，加入洋蔥絲。
2 小火炒煮，洋蔥變得透明即可。
3 加入水、醬油和雞粉，小火煮至湯滾沸。
4 倒入蛋液，撒上鹽和黑胡椒粉調味。

70.

牛蒡排骨湯

星度

難易度：★★☆☆☆

美味度：★★★★☆

每遇到一個新的食材，都能學到新的處理食材的方式，牛蒡使用削鉛筆方式，是因為牛蒡外圈纖維細內圈纖維粗，削鉛筆方式，能匀稱的削出包含2種纖維，真的是大智慧的方法。

材料區

材料

排骨…300g
糖…2g
鹽…2g
牛蒡…150g
薑絲…30g
酒…100g
水…500g
醬油…1.5 大匙

步驟區

準備工作

先將牛蒡削成片絲（削鉛筆方式），削完後泡在水裡防止氧化。

步驟

1 將排骨用溫水沖洗、擦乾，均勻撒上鹽和糖。
2 鍋中少許油，放入排骨，兩面煎到微焦。
3 拌炒薑絲，加入牛蒡絲，倒入酒、水、醬油。
4 煮至水滾沸。
5 蓋上鍋蓋，中小火悶煮 35 ～ 40 分鐘。（20 分鐘時可稍微攪拌，視情況調整加水）。

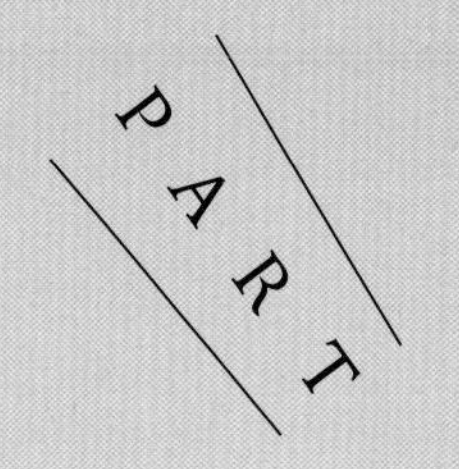

6

甜 點 篇

71.

白玉豆腐

星度

難易度：★★☆☆☆
美味度：★★★★☆

以前學做過和菓子，是專門買白玉粉使用，但是實際區分不出白玉粉與糯米粉的差別，所以，請直接使用糯米粉就好。

材料區

材料

糯米粉…70g（或白玉粉）
嫩豆腐…70g
芝麻粉…5g（或花生粉、黃豆粉）
糖粉…5g

步驟區

步驟

1 袋中放入豆腐和糯米粉，搓揉均勻。
2 持續搓揉，直到質地像黏土後取出。
3 搓成大約 10g 一顆的球狀。
4 放入滾水中煮約 3 分鐘，浮起後，再繼續煮 3 分鐘，撈起。
5 撒上糖粉和芝麻粉。

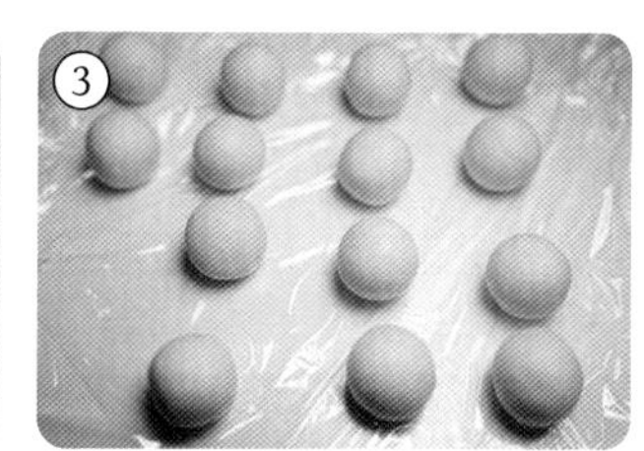

72.

豆腐甜甜圈

星度

難易度：★★★☆☆
美味度：★★★★☆

很好玩的一個甜點，雖然是油炸的，但是溫度不用太高，
擠得夠漂亮的話，會很有成就感。

材料區

材料

嫩豆腐…100g
鬆餅粉…90g
糯米粉…40g
雞蛋…1 顆

步驟區

步驟

1. 將鬆餅粉、糯米粉、豆腐和雞蛋放入袋中，輕輕揉捏混合均勻。
2. 袋角剪小孔，將麵糊擠在烤紙上，繞成甜甜圈狀（烤紙約 7x7cm）。
3. 擠出所有麵糊（約可擠 8 個）。
4. 油鍋加熱至 130 ～ 140℃，甜甜圈連同烤紙一起入油鍋。
5. 一面炸 30 ～ 40 秒至金黃色，再翻面，同時取出烤紙，雙面金黃後，用紙巾吸除油份。

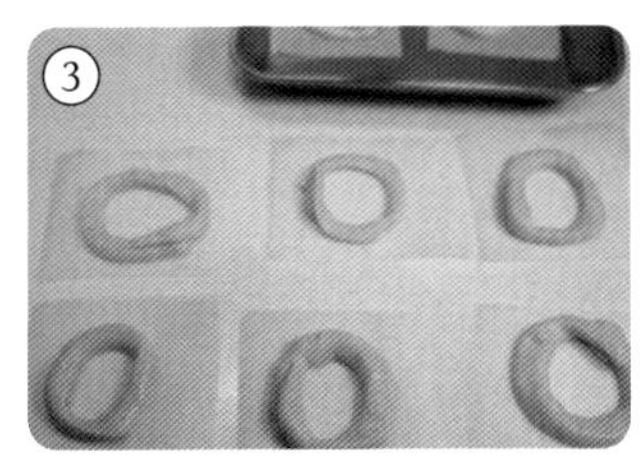

73.

檸檬凍

星度

難易度：★★☆☆☆
美味度：★★★☆☆

這個配方，味道稍微偏酸，可以減少檸檬汁或多加一點糖，而且檸檬凍非常軟嫩，想要Q硬一點的，吉利丁粉可以多加0.5g～1g。

重點是，檸檬造型的檸檬凍，拿起來吃的時候很亮眼吸睛。

材料區

材料

黃檸檬…2 顆（檸檬汁約 60g）
蜂蜜…45g
白開水…60g（需與檸檬汁混合到有 120g 的量）
吉利丁粉…2.5g

步驟區

步驟

1 把檸檬切開，挖出果肉，並保留檸檬殼和頭部。（如果難挖，先用刀沿周圍劃開，再用小湯匙挖）
2 過濾檸檬果肉，取得約 60 克的果汁。
3 把檸檬汁和開水混合，總量約 120 克。
4 用微波爐以 600W ／ 50 秒加熱檸檬水，趁熱加入吉利丁粉，再加入蜂蜜攪拌均勻。
5 把混合檸檬汁倒入檸檬皮中，冷藏約 4 小時，直至凝固。

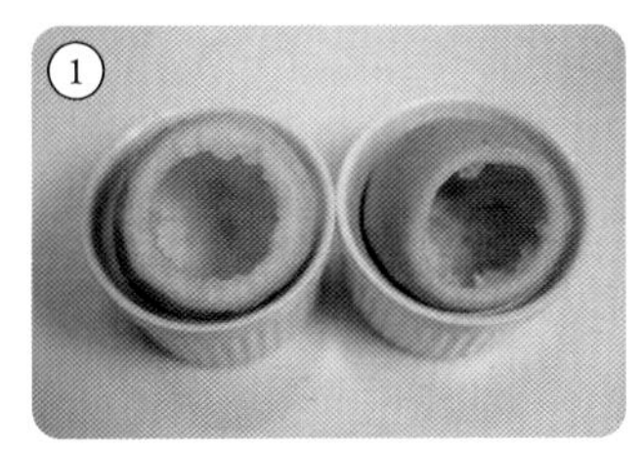
①

②

③

④

⑤

74.

香蕉蛋糕

星度

難易度：★★☆☆☆
美味度：★★★★☆

香蕉過熟了，怎麼辦？做成甜甜的蛋糕最適合了。這道使用的香蕉 2 根，也可以直接全部搗碎使用。

材料區

材料

鬆餅粉…120g
香蕉…2 根
蜂蜜…1 大匙
奶油…50g
雞蛋…1 個
糖…20g

步驟區

步驟

1 將奶油微波加熱，600W ／ 30 ～ 40 秒，讓它融化。
2 用 1.3 根香蕉，搗成泥狀，然後混合雞蛋和糖，攪拌均勻。
3 加入鬆餅粉，拌勻混合。
4 將麵糊倒入模具，放上香蕉片（剩下的 0.7 根切成 2 片），再淋上蜂蜜。
5 烤箱預熱至 180℃／ 40 分鐘。

75.

抹茶小酥餅

星度

難易度：★★☆☆☆
美味度：★★★☆☆

不會太甜，一口咬下會散發出清新的抹茶香氣，配上綠茶、紅茶、咖啡都非常適合。

材料區

材料

抹茶粉…4g
低筋麵粉…95g
奶油…50g
糖…40g
蛋黃…1 顆
鹽…少許

步驟區

步驟

1 將抹茶粉、麵粉、奶油、鹽、糖和蛋黃均勻混合，揉成麵糰圓球。
2 在桌上鋪上保鮮膜，將麵糰擀成 2.5cm 寬的長條，用保鮮膜包好，冷藏 1 小時。
3 從冰箱取出，切成 1.5cm 厚的片狀。
4 在烤盤上保持適當的間距排列。
5 預熱烤箱至 160°C，烤溫設定為 150°C，烤 35 分鐘（底部呈淺棕色）。

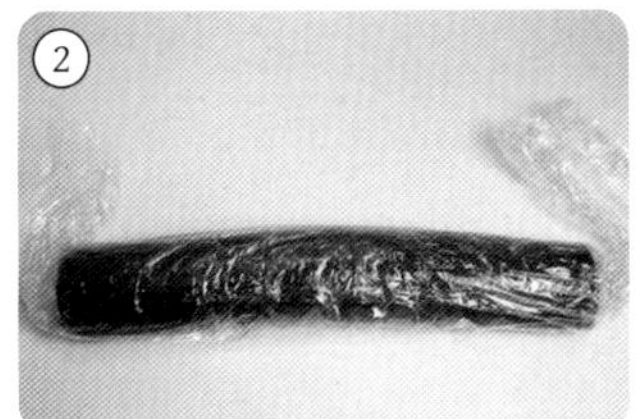

76.

蘋果派

不用複雜的食材，就能變出的一個精緻的甜點。

星度

難易度：★★★☆☆
美味度：★★★☆☆

材料區

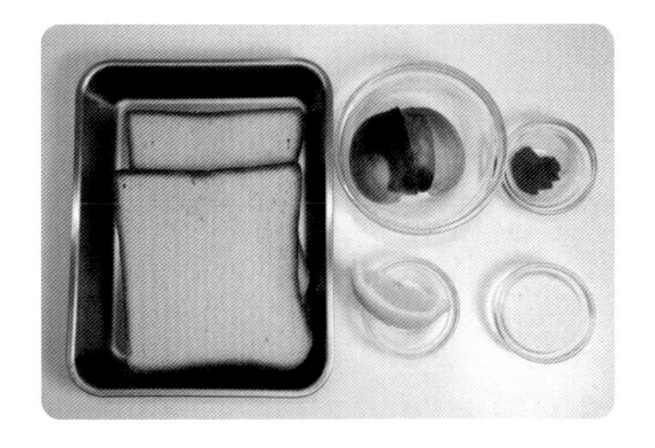

材料

吐司…2 片
蘋果…半顆（75g）
檸檬汁…1/8 顆（2.5 ml）
肉桂粉…0.3g
糖…1 大匙（15g）
蛋液…少許

步驟區

步驟

1 蘋果丁、糖、檸檬汁、肉桂粉一同入平底鍋，小火炒 10 分鐘，至乾黏。
2 吐司切去邊，用桿麵棍壓平。
3 將果粒放在一片吐司上，蓋上另一片吐司。
4 用叉子將吐司四邊壓緊，外表塗上蛋液。
5 烤箱預熱至 180℃，烤 5 ～ 10 分鐘，至表面呈焦黃色。

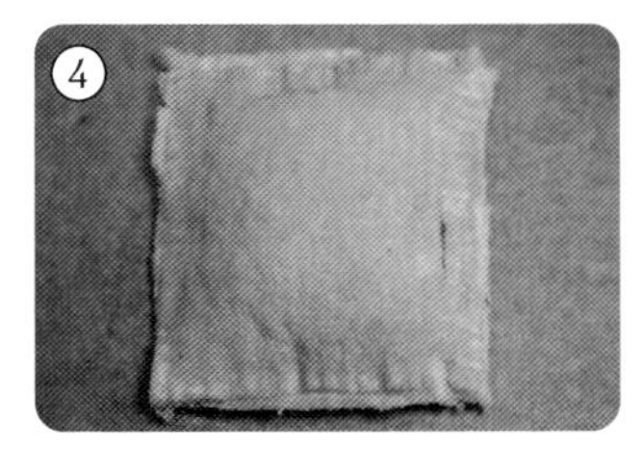

77.

棉花糖花

星度

難易度：★★☆☆☆

美味度：★★★☆☆

這個棉花糖花是在臉書 2023/5/20 發表的，在做花的過程，很想力求一致，但是，剪的間距、黏合的力道及方式、以及烘烤過程變異，讓每一朵花，最後呈現的樣貌，都有些微不同，這也表達我們是這個世界上獨一無二的一朵花，而每一朵都是最美的。

材料區

材料

棉花糖…10 顆
榛果…10 顆

步驟區

步驟

1 在棉花糖的側邊均勻地剪 4 刀，但不要剪斷。
2 展開棉花糖，讓其成為五瓣花形狀，將最上層和最下層展開轉圓黏在一起。
3 烤箱預熱至 100° C／烤 15 分鐘。
4 烤軟後，在花的中心放上榛果。
5 將棉花糖放回烤箱 100°／烤 55 分鐘，直至乾燥。

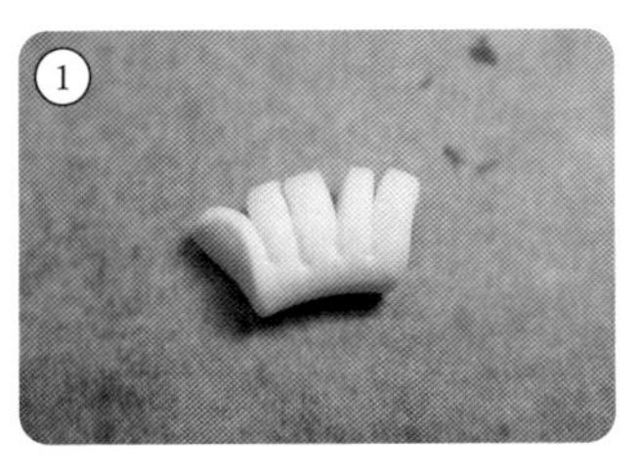
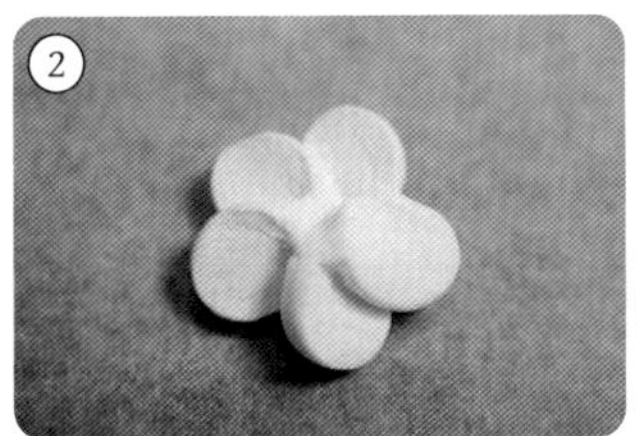

78.

奇異果蕨餅

星度

難易度：★★★★☆

美味度：★★★☆☆

沒吃過真正的蕨餅，不確定和日本蕨餅口感是否一致，自己吃到的口感，像冰過的珍珠再Q一些，蒐集到這份食譜，看到未做過的新奇做法，都覺得很有挑戰也好有趣，心情像小孩在做勞作般的開心及興奮。

材料區

材料

奇異果…3 顆（2 顆不要煮，直接放在蕨餅上或是裝飾）
糖…4 大匙
冷開水…200ml
馬鈴薯澱粉…50g
冰塊 + 冰開水…200 ～ 300ml（冷卻用）

步驟區

步驟

1 奇異果削皮，放入袋中，捏碎成泥狀（1 顆量）。
2 將果泥、水、馬鈴薯澱粉和糖倒入鍋中，混合攪拌。
3 再開小火，持續攪拌至變黏稠（迅速黏稠化）。
4 將黏稠果泥倒入料理塑膠袋，塑膠袋剪小孔，將果泥擠入冰塊水中。
5 等待 2-3 分鐘，待完全冷卻後，使用濾網撈起。

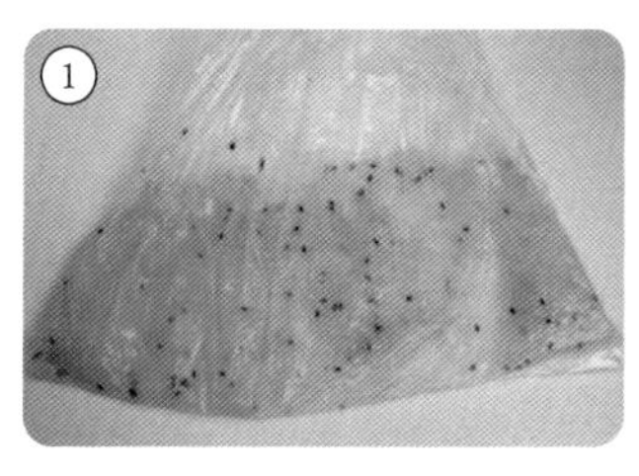
①

②

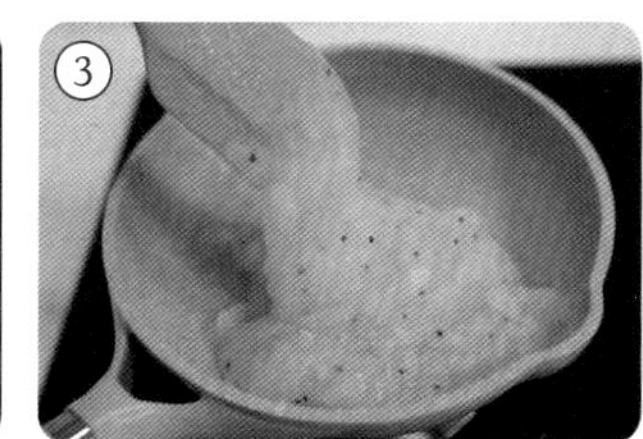
③

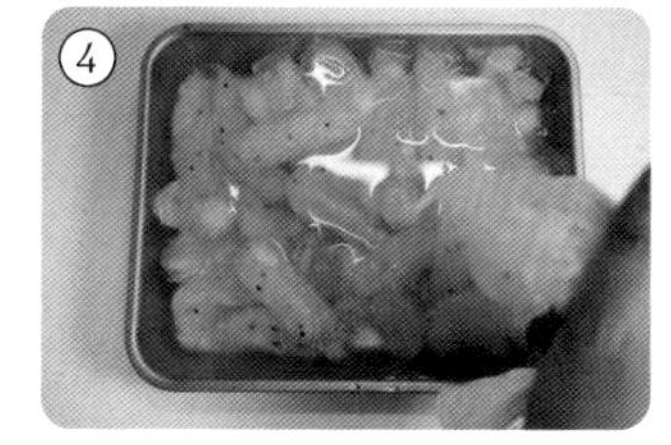
④

⑤

79.

可爾必思凍

星度

難易度：★★★★☆
美味度：★★☆☆☆

成品太美，一定要放在書裡面分享。步驟看起來簡單，卻很容易失敗，比例和脫模的動作，都是關鍵，最後的成品上方也是脫模沒有成功的情況，但無論失敗與否，經驗都讓我得到成長。

材料區

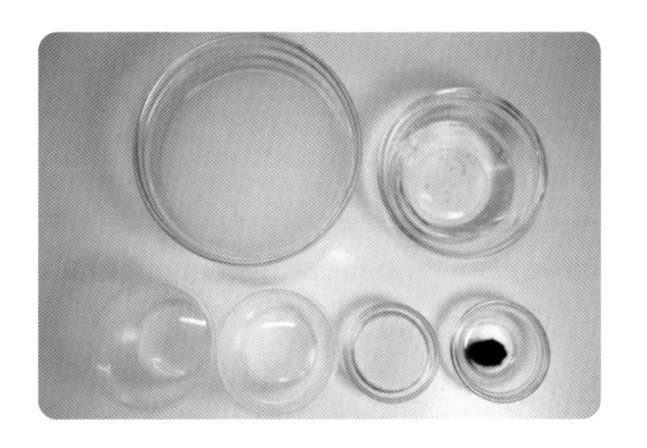

材料

可爾必思…240ml

氣泡水…40ml

吉利丁粉…7g

天然藍色素…0.05g

布丁模…2 個

步驟區

步驟

1. 氣泡水中加藍色素、吉利丁粉 1g 混合，微波 600W ／ 10 秒。
2. 均勻地將藍色液體倒入 2 個布丁模，放入冰箱冷藏 15 至 30 分鐘，直至凝固。
3. 6g 吉利丁粉 + 50ml 可爾必思，微波 600W ／ 10 ～ 20 秒，直至完全溶解。
4. 倒入 190ml 可爾必思，快速攪拌均勻。
5. 最後，將可爾必思液體均勻地倒入布丁模中，放入冰箱約冷藏 1 ～ 1.5 小時，直至完全凝固。

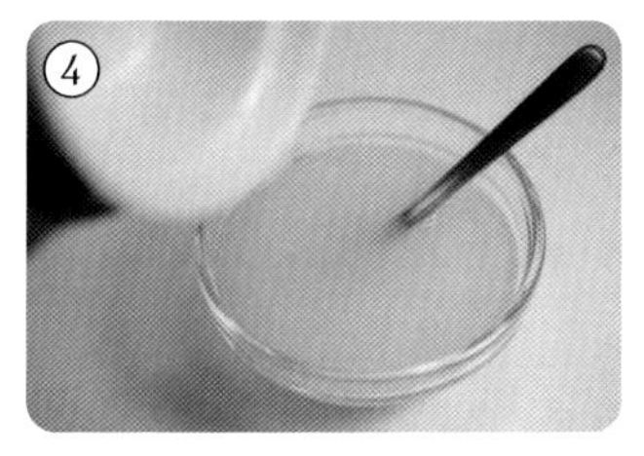

80.

芭蕉小鬆餅

星度

難易度：★★★☆☆
美味度：★★★★★

可愛的小鬆餅，就算擠得不好看，也好好吃，多擠幾次就能擠出漂亮的小圓形了。

材料區

材料

芭蕉…50g
鬆餅粉…40g
牛奶…15g
糖…2.5g

步驟區

步驟

1 將芭蕉壓碎，加入糖、牛奶，攪拌均勻。
2 分次加入鬆餅粉。
3 直到攪拌完全均勻。
4 麵糊倒入擠花袋中，使用平圓的花嘴。
5 在鍋中放入適量的油，鍋熱後擠出麵糊成小圓形，煎到雙面金黃。

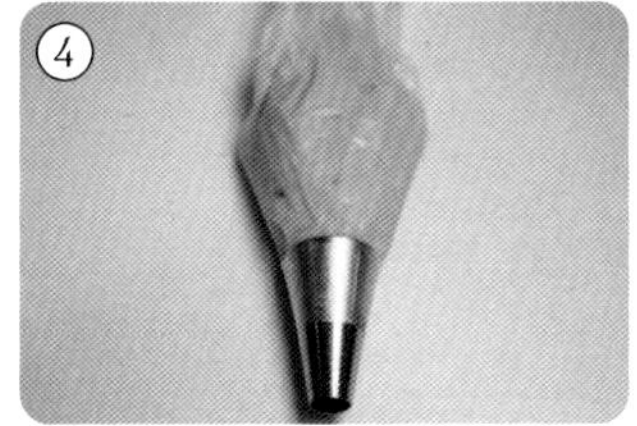

後記

結語

有時候，瘋狂的想法恰恰是人生最美妙的開始，能掀起新的篇章。或許對於專業出過書的廚師或作家來說，這只是日常工作，然而對我而言，卻是一場意義非凡的冒險，縱使我不是專業的，但不能阻止我踏出勇敢的一步，去實現一個夢寐以求的目標——出版自己的書。

曾經，參加過一堂特殊的訓練課程，我記得有個任務要我們用兩支筆，透過以易物的方式，與陌生人互動，那天拜訪了好幾條街區，至少與 10 幾個陌生人交談過，最終，我用兩支筆交換了八樣物品，滿載而歸，這讓我學會面對陌生人的勇氣，這樣的經驗，讓我更加自信，面對未知的挑戰，懷抱希望，更相信人生充滿著無限可能，這樣的信念，激勵著我朝著夢想前進。

純屬意外的後記

本來沒有這一篇後記，原本以為在 8/14，所有照片都上傳到雲端後，就算是完稿，不用再編輯照片了，沒想到發生非常嚴重的錯誤，就是照片解析度太小，不能印刷使用，現在才知道透過相機軟體傳輸到手機後，照片會被壓縮，真的是上了一課，所有 542 張照片只好重新使用電腦調整過，不經一事不長一智，下次會記取這個寶貴的經驗。

國家圖書館出版品預行編目 (CIP) 資料

0 廚藝人妻的極簡料理
張蕎安（安大）作 . -- 初版 . –
新北市 : 耕己行銷有限公司 , 民 112.12
面； 公分

ISBN 978-626-96182-3-1(平裝)

1.CST: 食譜

427.11 12015776

0 廚藝人妻的極簡料理

作　　者／張蕎安（安大）
出版企劃／鄧心彤
執行編輯／曾鈺淳
美術設計／馮羽涵
校　　對／許晶翎

發 行 人／鄭豐耀
總 編 輯／鄧心彤

出 版 者／耕己行銷有限公司
法律顧問／誠驊法律事務所　馮如華律師

初版一刷
定價 350 元